Sony NEX-5/NEX-7
微单相机完全摄影指南

雷剑/编著

中国电力出版社
CHINA ELECTRIC POWER PRESS

内 容 提 要

本书从相机使用、摄影理论、实拍技巧三个层面，详细讲解了如何使用SONY NEX相机拍出好照片。其中以较大的篇幅讲解了SONY NEX相机的使用方法与技巧，使各位读者能够在学习本书后快速从初学者成长为行家里手。

此外，本书还深入讲解了曝光三要素、对焦模式、快门驱动模式、构图美学知识、光影美学知识、色彩美学知识，并展示了包括风光、植物、人像、儿童、建筑、夜景、宠物与鸟类、微距在内的多种常见摄影题材的拍摄技法与思路。

图书在版编目（CIP）数据

SONY NEX-5/NEX-7微单相机完全摄影指南 / 雷剑编著. — 北京：中国电力出版社，2016.7

ISBN 978-7-5123-9277-9

Ⅰ.①S… Ⅱ.①雷… Ⅲ.①数字照相机—单镜头反光照相机—摄影技术—指南
Ⅳ.①TB86-62②J41-62

中国版本图书馆CIP数据核字（2016）第131575号

中国电力出版社出版、发行

（北京市东城区北京站西街 19 号 100005 http://www.cepp.sgcc.com.cn）

北京盛通印刷股份有限公司印刷

各地新华书店经售

*

2016 年 7 月第一版　2016 年 7 月北京第一次印刷

889 毫米 ×1194 毫米　16 开本　16 印张　490 千字

印数 0001—3000 册　定价 69.00 元（含 1DVD）

敬 告 读 者

前 言

"工欲善其事，必先利其器。"——孔子（春秋）《论语·卫灵公》。

这句话的意思是说，一个做手工或工艺的人，要想把工作做完、做好，应该先将没有的工具准备好，而那些已经有了的工具，也要检查是否合用，并且要能够熟练地运用这些工具。

虽然，孔子的名言至今已经有2000多年，但从目前看来，仍然是一条放之四海皆准的至理，在摄影这个行业也不例外。

简单地说，如果要拍出好照片，不仅要有好用、够用的摄影器材，而且还得能够熟练地使用摄影器材。这就是孔子的名言对每一个摄影爱好者的启示。

本书的目的正是帮助各位摄影爱好者更深入全面地认识、熟练而又富有技巧地运用手中的相机，拍出好照片。

许多摄影爱好者认为，能够设置P、S、A、M各个曝光模式，能够正确对焦，能够拍出背景虚化的人像，就算是掌握相机了，殊不知这种程度连入门都算不上。

要做到熟练地运用相机，笔者认为最起码能够在不查资料的情况下，正确回答以下10个问题中的8个：

1.如何直接拍摄出单色照片？

2.如何让竖向持机拍摄的照片在浏览时自动旋转90°？

3.自定义白平衡的步骤是什么？

4.如何让拍摄出来的每一张照片都偏一点点蓝色或红色？

5.如何客观判断拍摄的照片是否过曝？

6.如何设置照片的照片效果？

7.如何客观判读照片的曝光情况？

8.DRO（动态范围优化）在什么情况下开启？

9.如何更好地利用曝光补偿进行拍摄？

10.在未携带三脚架的情况下，如何拍摄出清晰的照片？

这些问题的答案都不复杂，只要认真阅读学习本书，就能够轻松地正确回答这些问题。除讲解关于SONY NEX相机本身的知识外，本书还深入讲解了曝光三要素、对焦模式、快门释放模式、构图美学知识、光影美学知识、色彩美学知识，使各位读者在阅读学习后，不仅掌握有关相机的使用方法与技巧，还对摄影基本理论有更深层次的认识。

本书的第11~18章，讲解了包括风光、植物、人像、儿童、建筑、夜景、宠物与鸟类、微距在内的多种常见摄影题材的拍摄思路与技法。因为摄影是一种操作、体验性较强的艺术门类，只有针对不同的题材进行反复拍摄练习，才能够真正在练习中掌握相机的使用技巧、理解曝光的原理、掌握拍摄的技法。

欢迎各位读者加入以下摄影学习交流ＱＱ群：247292794、341699682、190318868。

本书是集体劳动的结晶，参与本书编著的还有刘丽娟、杜林、李冉、贾宏亮、史成元、白艳、赵菁、杨茜、陈栋宇、陈炎、金满、李懿晨、赵静、黄磊、袁冬焕、陈文龙、宗宇、徐善军、梁佳佳、邢雅静、陈会文、张建华、孙月、张斌、邢晶晶、秦敬尧、王帆、赵雅静、周丹、吴菊、李方兰、王芬、刘肖、周小彦、苑丽丽、左福、范玉婵、刘志伟、邓冰峰、詹曼雪、黄正等。

作者

2016年2月

目 录

第5章 对焦与拍摄模式

第9章 光影运用技巧

第10章 成为摄影高手必修美学之色彩

第11章 风光摄影

第1章

SONY NEX 相机的全局

结构及基本操作方法

电源开关
用于控制相机的开启与关闭

麦克风
在拍摄视频时，可以通过此麦克风录制声音，当拍
摄视频时，切勿遮盖此部件

遥控传感器
用于接收遥控器信号

手柄
在拍摄时，用右手握在此处。该手
柄按照人体工程学的理念进行设
计，握持非常舒适

镜头释放按钮
用于拆卸镜头，按住此按钮并旋
转镜头的镜筒，可以把镜头从机
身上取下来

AF辅助照明灯/自拍定时指示灯/笑脸快门指示灯
当拍摄场景的光线较暗时，此灯会亮起以辅助对焦；当选择"自
拍"拍摄模式时，此灯会连续闪光进行提示；开启"笑脸快门"
功能时，当相机检测到画面中有笑脸后，拍摄时此灯会闪烁

SONY NEX 7 | 相机顶部结构

自锁附件插座
用于安装外接闪光灯或立体声麦克风等附件

快门按钮
半按快门可以开启相机的自动对焦系统，完全按下时即可完成拍摄。当相机处于节电状态时，轻按快门可以恢复工作状态

内置闪光灯
开启后可为对象补光，在自动模式下，内置闪光灯将自动弹出，在 P、S、A、M 模式下，按下闪光灯弹出按钮后内置闪光灯将弹出

导航按钮
按下该按钮可切换参数设置屏幕

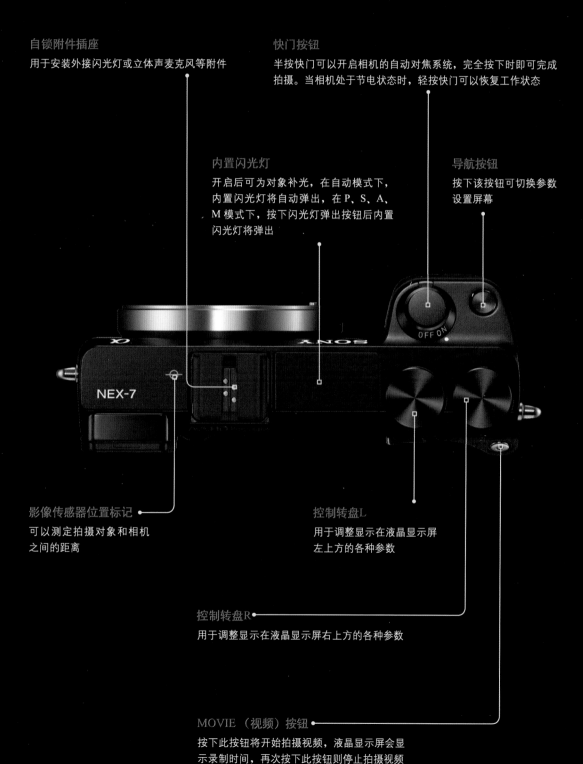

影像传感器位置标记
可以测定拍摄对象和相机之间的距离

控制转盘L
用于调整显示在液晶显示屏左上方的各种参数

控制转盘R
用于调整显示在液晶显示屏右上方的各种参数

MOVIE（视频）按钮
按下此按钮将开始拍摄视频，液晶显示屏会显示录制时间，再次按下此按钮则停止拍摄视频

SONY NEX 7 相机背面结构

取景器

在拍摄时，可通过观察取景器进行
取景构图

目镜传感器

当拍摄者（或其他物体）靠近取景器后，目镜
传感器能够自动感应，然后从液晶显示屏显示
状态自动切换成为取景器显示

眼罩

用于隔离眼睛与取景器，其软性橡胶
质地能够提升拍摄时眼睛的舒适度

播放按钮

按下此按钮可以回放拍摄的照片，转动控制轮或按控制拨轮的方向键
选择照片。按下控制拨轮中央按钮可以播放全景照片或视频

闪光灯弹出按钮

在 P、A、S、M 模式下，需要按下此按钮，
内置闪光灯才会弹出

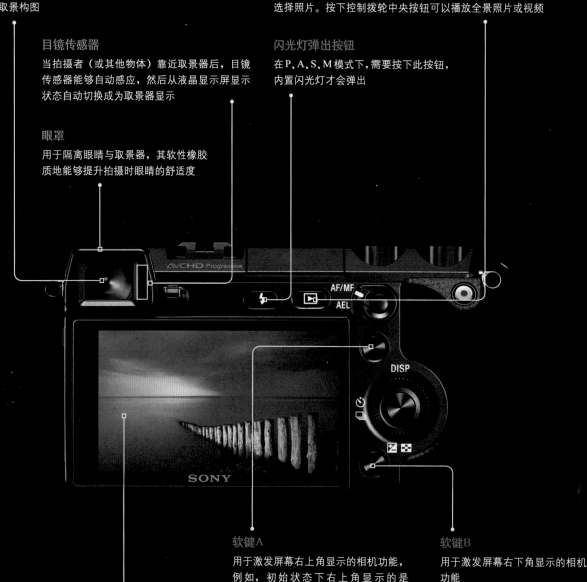

软键A

用于激发屏幕右上角显示的相机功能，
例如，初始状态下右上角显示的是
MENU，则意味着按下软键 A，可以显
示相机菜单

软键B

用于激发屏幕右下角显示的相机
功能

AF/MF按钮/AEL按钮

在拍摄时，如果当前使用的是自动对焦模式，按住此按钮可临时切换为手动对焦。反之，如果当前处于手动对焦状态，按住此按钮期间，可临时切换为自动对焦。当将切换杆拨至 AEL 时，按住此按钮则锁定曝光

屈光度调节旋钮

对于视力不好又不想戴眼镜拍摄时，可以通过调整屈光度，在取景器中看到清晰的照片

AF/MF/AEL切换杆

当拨动切换杆至 AF/MF 时，可以暂时切换自动对焦和手动对焦模式，当拨动切换杆至 AEL 时可锁定曝光参数

DISP按钮/上方向键

DISP 按钮用于显示拍摄信息屏幕，多次按此按钮，可依次切换不同拍摄信息屏幕；当控制对焦框或选择菜单项时，此按钮的功能为上方向键，按下后可改变对焦框的位置或当前激活的菜单项

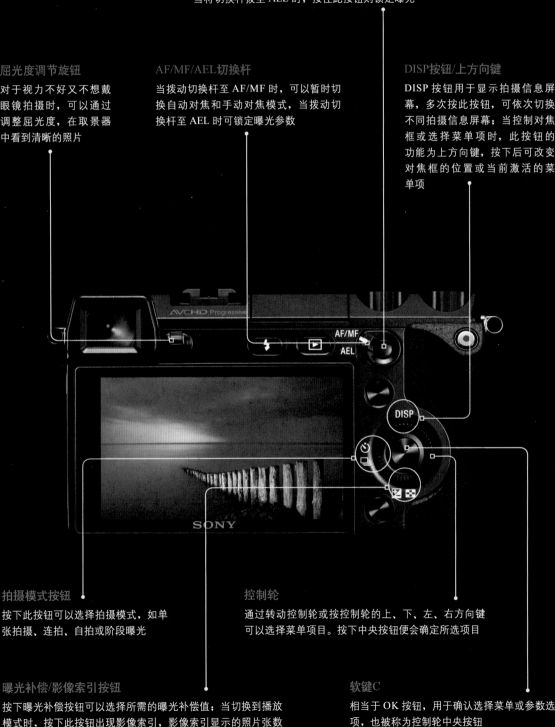

拍摄模式按钮

按下此按钮可以选择拍摄模式，如单张拍摄、连拍、自拍或阶段曝光

控制轮

通过转动控制轮或按控制轮的上、下、左、右方向键可以选择菜单项目。按下中央按钮便会确定所选项目

曝光补偿/影像索引按钮

按下曝光补偿按钮可以选择所需的曝光补偿值；当切换到播放模式时，按下此按钮出现影像索引，影像索引显示的照片张数

软键C

相当于 OK 按钮，用于确认选择菜单或参数选项，也被称为控制轮中央按钮

端子盖
用于盖住和
保护端子

HDMI 端口
用 HDMI 线将相机与
电视机连接起来，可以
在电视机上查看图像

USB端口
将 USB 连接线插入此接口
和电脑上的 USB 接口，可
以将相机连接至电脑

FMIC （麦克风）插孔
用于连接外部麦克风，连接外部麦克风时，会自动
切换到外接麦克风。如果使用兼容插入式电源的外
接麦克风，相机将为麦克风提供电源

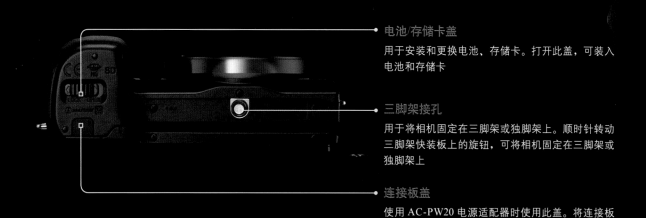

电池/存储卡盖
用于安装和更换电池、存储卡。打开此盖，可装入
电池和存储卡

三脚架接孔
用于将相机固定在三脚架或独脚架上。顺时针转动
三脚架快装板上的旋钮，可将相机固定在三脚架或
独脚架上

连接板盖
使用 AC-PW20 电源适配器时使用此盖。将连接板
插入电池盒中，然后将电源线穿过连接板盖

SONY NEX 7 | 相机拍摄待机信息

静态照片的照片尺寸

静态照片的照片质量

剩余电池电量

软键 C

静态照片的纵横比

SteadyShot 警告

转盘 / 轮锁定

照相模式

可拍摄静态
照片的数量

视频的录制
模式

软键 A

存储卡

控制转盘 L

控制转盘 L

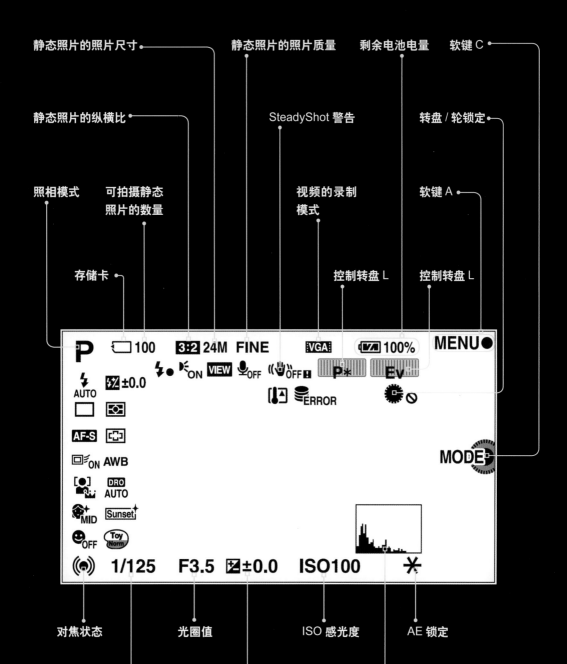

对焦状态

光圈值

ISO 感光度

AE 锁定

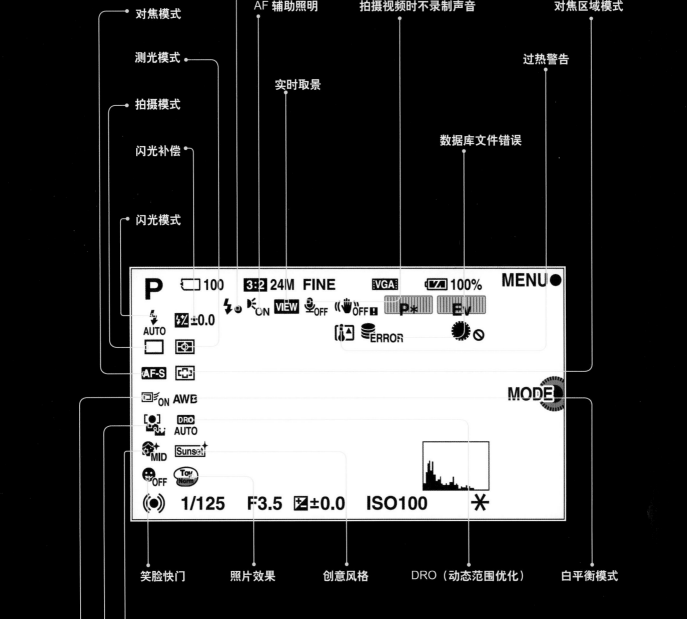

对焦模式

测光模式

拍摄模式

闪光补偿

闪光模式

AF 辅助照明

实时取景

拍摄视频时不录制声音

对焦区域模式

过热警告

数据库文件错误

笑脸快门

照片效果

创意风格

DRO（动态范围优化）

白平衡模式

SONY NEX 5系列数码微单相机结构

SONY NEX 7的功能总体上比SONY NEX 5系列相机更完备，但由于发布时间较早，且定位与SONY NEX 5系列相机不同，因此其功能及操作方法都有所不同。例如，SONY NEX 7的液晶显示屏是高清屏，设置时只能通过控制转盘、控制轮、软键等进行操作；而SONY NEX 5系列相机（如NEX5T、NEX5R、NEX5N）由于具有触摸屏功能，因此许多拍摄、设置操作可以通过触摸液晶显示屏来完成。另外，SONY NEX 5系列相机有WIFI传输功能，而SONY NEX 7系列相机却没有。

由于本书在讲解时主要以功能更完备的SONY NEX 7为主，因此，为了便于各位使用SONY NEX 5系列相机的读者学习书中讲解的各项操作，下面简要介绍一下SONY NEX 5系列相机的结构。

▲ SONY NEX 5系列数码微单相机顶部结构

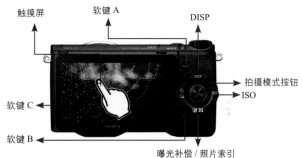

▲ SONY NEX 5系列数码微单相机背面结构

SONY NEX 5与SONY NEX 7在按钮功能方面的区别

通过对比SONY NEX 5和SONY NEX 7的结构，可以看出来，两者在按钮功能方面存在以下区别。

在按钮类型方面两者基本相同，但设置方法、名称略有不同。例如，SONY NEX 5T、SONY NEX 5R的Fn按钮，实际上就是SONY NEX 7的导航按钮，两者的名称虽有区别，但功能基本类似。

SONY NEX 5系列相机的控制轮与SONY NEX 7的控制轮功能基本相似，但SONY NEX 7控制轮的右键功能可以进行自定义设计，而SONY NEX 5T、SONY NEX 5R的右键则被定义为ISO感光度设置功能。

SONY NEX 5系列相机只有两个控制转盘，在控制参数时需要与触摸屏配合使用。但使用SONY NEX 7时，需要配合使用三重控制转盘。

SONY NEX 7具有SONY NEX 5系列相机没有的AF/MF/AEL拨盘及按钮功能，用于快速切换对焦模式及锁定曝光。

掌握相机的基本使用方法

SONY NEX 7的软键

软键是指相机右侧的三个按钮，作用是控制显示在液晶显示屏右上角、中间及右下角的相机功能。设置屏幕右上角显示的功能，应按软键A；设置屏幕右下角显示的功能，应按软键B；设置屏幕中央显示的功能，需按控制轮的中央软键C。

以下面展示的相机图为例，软键A相当于MENU（菜单）按钮；软键C相当于确认（OK）按钮；按下软键B后，则能够设置对焦参数，即软键B相当于右下角显示的FOCUS功能控制钮。

操作提示：SONY α 6000相机未提供软键。

▲ SONY NEX 7相机的三个软键

▲ SONY α 6000相机背面图

掌握SONY NEX 相机的控制轮的操作方法

控制轮及其中央按钮

使用SONY NEX 相机时，可以通过转动控制轮快速选择设置选项，例如在"设置"菜单中，除了可以按控制轮的▼、▲、◄、►方向键完成选择操作外，还可以通过转动控制轮以更快的速度进行选择。

控制轮的中央按钮相当于"确定"、"OK"按钮，用于确定所选项目。

控制轮上的功能按钮

在SONY NEX 7相机的转盘上，有三个功能按钮。

上键为DISP显示拍摄内容按钮，可设置在拍摄或播放状态下显示的拍摄信息；左键为拍摄模式按钮，可设置单张拍摄、连拍、自拍定时等拍摄模式；下键为曝光补偿/照片索引按钮，在拍摄模式下按下此按钮，可快速设置曝光补偿；在播放模式下按下此按钮，可切换为照片索引模式，以便快速浏览照片。

操作提示：在SONY α 6000相机中，上键为DISP显示拍摄内容按钮；左键为拍摄模式按钮；右键为ISO感光度设置按钮；下键为曝光补偿/照片创作/照片索引按钮，除了曝光补偿和影像索引两种功能外，还可以在智能自动和增强自动拍摄模式下，按下此按钮可以对照片的亮度、色彩、鲜明度及照片效果进行设置。

▲ SONY NEX 7的控制轮

▲ SONY α 6000的控制拨轮

利用DISP按钮切换屏幕显示信息

在拍摄状态下按DISP按钮，可在液晶显示屏中切换显示不同的拍摄信息。拍摄时浏览这些拍摄信息，可以快速判断是否需要调整拍摄参数。下面展示了多次按DISP按钮后，依次显示的不同拍摄信息屏幕。

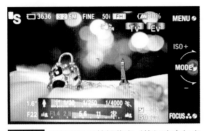

图形显示 以图形显示拍摄信息（快门速度与光圈大小）

显示全部信息 将显示完整的拍摄信息

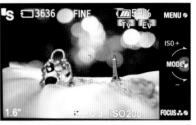

大字体显示 以更大尺寸显示主要拍摄信息

无显示信息 全屏幕显示照片，仅在底部显示基本拍摄信息，如快门速度、光圈、曝光值、感光度等简单信息

实时取景优先 在画面右侧显示主要录制信息项目，且不显示软键图标

数字水平量规 显示数字水平量规，画面中出现水平轴，指示相机是否在前后和左右方向均处于水平状态。当指示线变为绿色时，代表相机在两个方向上都处于水平状态

柱状图 在画面右下角出现柱状图，以图形方式显示亮度分布，并包含快门速度、曝光补偿、感光度等主要拍摄信息

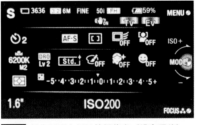

取景器 仅在画面上显示拍摄信息（没有照片）。在使用取景器拍摄时最适合选择此选项

操作提示：在SONY α6000相机中，可以依次显示"图形显示""显示全部信息""无显示信息""柱状图""取景器"5种拍摄信息。

如果要改变按下DISP按钮后显示的信息屏幕内容，需进入"自定义设置菜单1"中选择"DISP按钮"选项。

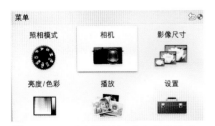

❶ 按MENU所在的软键A进入菜单界面，转动控制轮或按控制轮的▲、▼、◀、▶方向键选择相机菜单，然后按控制轮中央按钮

❷ 在相机菜单中选择DISP按钮（监视器）选项，然后按控制轮中央按钮

❸ 转动控制轮或按控制轮的▲、▼、◀、▶方向键选择所需要显示的选项

如果在播放照片状态下按DISP按钮，依次可显示"柱状图"、"显示信息"、"无显示信息"三种信息屏幕。

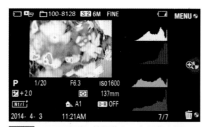

柱状图 显示照片详细拍摄信息，在屏幕右侧显示亮度和RGB柱状图，当照片中的高光区域曝光过度时，还会以黑色闪烁进行提示

显示信息 显示照片的拍摄信息，如快门速度、光圈、照片大小、感光度、拍摄时间等简单信息

无显示信息 不显示拍摄信息，全屏幕显示照片

使用SONY NEX 7导航按钮及三重转盘设置拍摄参数

　　SONY NEX 7的大部分常用拍摄参数，可以通过导航按钮及三重转盘（如右图所示，三重转盘实际上是指机身上的控制转盘L、控制转盘R和控制轮）来进行设置。

　　其中导航按钮的作用是切换参数显示屏幕。三重转盘用于改变拍摄参数。下面展示了多次按下导航按钮后，依次显示的不同参数设置屏幕。

　　操作提示： SONY α6000相机未提供导航按钮及三重转盘。一些常用的拍摄参数可以通过按Fn按钮进入导航显示界面，然后通过转动控制拨轮和控制转盘进行设置。

● **导航按钮**

每次按该按钮时，会从曝光设置开始，按顺序切换设置项目

● **控制转盘 L**

通过转动左转盘L调整在LCD屏幕或EVF左上角出现的各种项目设置

● **控制转盘 R**

通过转动右转盘R调整在LCD屏幕或EVF右上角出现的各种项目设置

● **控制轮**

通过转动控制轮可以设置在LCD屏幕右侧垂直显示的项目

转动控制转盘L改变此处设置项目　　转动控制转盘R改变此处设置项目

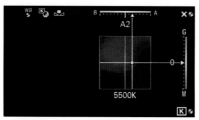

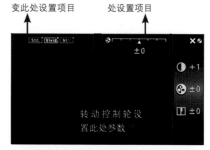

▲ 对焦

▲ 白平衡

▲ 三重转盘控制区域示意图

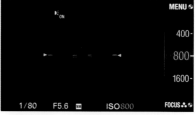

▲ 创意风格

▲ 动态范围

▲ 拍摄参数

调整取景器对焦清晰度

当摄影师通过取景器观察要拍摄的对象时，需要特别注意一点，即如果经过自动对焦或手动调焦，被摄对象看上去始终是模糊的，这时要想到调整取景器的对焦清晰度，这是由于未调节适合自己的屈光度造成的。

注视取景器并旋转屈光度调节旋钮，直到取景器中的对焦点获得清晰显示为止，即可使其恢复到最清晰的状态。

▲ SONY NEX 7相机的屈光度调节旋钮

▲ SONY α 6000相机的屈光度调节旋钮

焦　　距 ▷ 85mm
光　　圈 ▷ F3.2
快门速度 ▷ 1/180s
感 光 度 ▷ ISO200

▲ 通过调整取景器的对焦清晰度，拍摄出焦点清晰、曝光合适的照片

SONY NEX 菜单的基本设置方法

了解菜单结构

SONY NEX 7包含大量选项和设置，菜单功能比较丰富，熟练掌握与菜单相关的操作，可以帮助我们更快速、准确地进行参数设置。

SONY NEX 7相机菜单使用起来很方便，其中包含照相模式、相机、照片尺寸、亮度/色彩、播放以及设置6个菜单项目。其中，照相模式为虚拟的拍摄模式拨盘，并不是菜单；而其他5个菜单项目均为实际菜单，包含很多与拍摄照片相关的选项。

操作提示：SONY α 6000相机包含拍摄设置、自定义设置、无线、应用程序、播放以及设置6个项目。

▲ SONY NEX 7的菜单界面图

▲ SONY α 6000的菜单界面图

SONY NEX 菜单的设置方法

在使用SONY NEX 7拍摄时，不仅可以利用菜单来更改拍摄设置，还可以调整相机的操作方式。其操作方法并不繁琐，下面以设置"亮度/色彩"菜单中的"创意风格"为例，介绍设置菜单的方法。

❶ 打开相机进入拍摄待机界面，按MENU 图标所对应的软键A进入相机的菜单界面

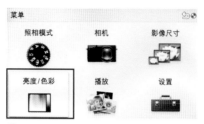

❷ 转动控制轮或按控制轮的▲、▼、◀、▶ 方向键选择要进行设置的项目（将以高亮显示），然后按控制轮中央按钮，此处以选择亮度/色彩菜单为例

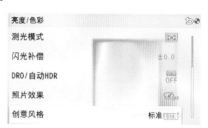

❸ 转动控制轮或按控制轮的▼或▲方向键选择创意风格选项，然后按控制轮中央按钮

❹ 进入其设置界面，转动控制轮或按控制轮的▲或▼方向键选择菜单选项

❺ 此时按Option图标所对应的软键B进入详细设置界面，按控制轮的◀或▶方向键选择需要设置的选项

❻ 转动控制轮或按控制轮的▲或▼方向键进行详细设置更改，然后按控制轮中央按钮确定修改。按软键A返回上一级，半按快门返回拍摄模式

下面以设置"拍摄设置菜单4"中的"创意风格"为例，介绍SONY α6000相机设置菜单时的操作方法。

❶ 按MENU按钮显示菜单画面。在此界面中，按控制拨轮的▲方向键切换至上方菜单项，然后按◀、▶方向键在各菜单项之间切换

❷ 选择好所需菜单项后按▼方向键，按控制拨轮的◀、▶方向键选择当前菜单设置页下的子序号

❸ 转动控制拨轮或按控制拨轮的▲或▼方向键选择要设置的菜单项目，然后按控制拨轮中央按钮确定

❹ 进入到其设置界面，转动控制拨轮或按控制拨轮的▲或▼方向键选择菜单选项

❺ 按▶方向键可以进入到其设置界面，按控制拨轮的◀、▶方向键选择要设置的选项

❻ 按控制拨轮的▲或▼方向键更改数值，设置完后按控制拨轮中央按钮确定

第 2 章

播放与影像尺寸菜单重要功能详解

播放菜单

删除

功能要点： 在删除照片时，虽然可以使用相机软键的删除按钮逐个选择删除，但如果要删除多张照片，这种方法就很浪费时间，最有效率的方法是使用"删除"菜单进行批量删除。

选项释义

■ **多个影像：** 选择此选项，可以选中单张或多张照片进行删除。

■ **文件夹内全部：** 选择此选项，可以删除选定文件夹中的所有照片。

■ **所有 AVCHD 视窗文件：** 选择此选项，可以删除所有的 AVCHD 视窗视频。在浏览短片时，选择"删除"选项，则显示"多个影像"和"所有 AVCHD 视窗文件"选项。

使用经验： 在删除照片时，还可以配合使用照片索引功能，快速选择多张照片进行删除。

操作提示： 在SONY α6000相机中，此功能在"播放菜单1"。

▲ 删除照片前应养成先检查照片是否备份的习惯，以免造成不必要的损失

焦　　距 ▶ 200mm
光　　圈 ▶ F14
快门速度 ▶ 1/250s
感 光 度 ▶ ISO400

❶ 在**播放**菜单中选择**删除**选项

❷ 按▲或▼方向键选择一个选项（此处以选择**多个影像**选项为例），然后按控制轮中央按钮确定

❸ 转动控制轮或按控制轮的◀或▶方向键选择要删除的影像，然后按控制轮中央按钮添加勾选标记☑，然后按OK所在的软键B确定

❹ 出现提示信息，然后按控制轮中央按钮即可删除选定的照片

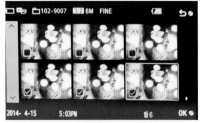

提示：如果在步骤❸中按控制轮的影像索引键，可快速选择多张照片进行删除

观看模式

功能要点：使用"观看模式"菜单可以设置当按下播放按钮时，是只播放静态照片，还是仅播放MP4或AVCHD格式的视频。

选项释义

■文件夹视窗（静态影像）：选择此选项，则按文件夹显示静态照片。

■文件夹视窗（MP4）：选择此选项，则按文件夹显示MP4格式的动态视频。

■AVCHD视窗：选择此选项，则播放使用"AVCHD 60i/60p"或"AVCHD 50i/50p"格式拍摄的动态视频。

操作提示：在SONY α6000相机中，此功能在"播放菜单1"。

操作步骤：在**播放**菜单中选择**观看模式**选项，按▲或▼方向键选择一个选项

保护

功能要点：使用"保护"功能可以将存储卡中重要的、优秀的照片保护起来，防止其被意外删除。

被选中保护的照片在屏幕左下角会出现橘色的☑标记，表示该照片已被保护。

使用经验：如果对存储卡进行格式化，那么即使照片被保护，也会被删除。

操作提示：在SONY α6000相机中，此功能在"播放菜单2"。

操作步骤：在**播放**菜单中选择**保护**选项，按▲或▼方向键选择**多个影像**选项，然后按控制轮中央按钮，转动控制轮或按◀▶方向键选择要保护的图像，按控制轮中央按钮为所选图像添加勾选标记☑，然后按OK所对应的软键B确定，此时将出现提示信息，按控制轮中央按钮即确定保护该图像

影像索引

功能要点：在这种模式下，一屏可以显示6张或12张照片。按下控制轮的▦索引按钮，切换为影像索引模式，以快速浏览寻找照片。

使用经验：存储卡的容量越来越大，一张存储卡可能保存成千上万张照片，如果按逐张浏览的方式寻找所需要的照片，无疑耗时费力，还会大量消耗电池电量，因此应使用影像索引功能。

操作提示：在SONY α6000相机中，此功能在"播放菜单1"，可选择12张或30张照片。

操作步骤：在**播放**菜单中选择**影像索引**选项，按▲或▼方向键选择一个选项，然后按控制轮中央按钮确定

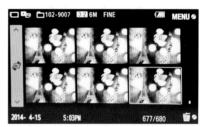

▲ 选择"6张影像"时，在影像索引状态下的界面如上图

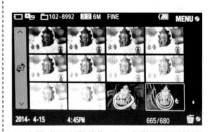

▲ 选择"12张影像"时，在影像索引状态下的界面如上图

焦　　距 ▶ 50mm
光　　圈 ▶ F5
快门速度 ▶ 1/320s
感 光 度 ▶ ISO100

旋转

功能要点：利用"旋转"功能可以将竖拍的照片由横向显示改变为纵向显示，重复按下控制轮中央按钮，可以将照片逆时针旋转90度。

操作步骤：选择**播放**菜单中的**旋转**选项，按控制轮中央按钮即进入照片选择界面，按◀或▶方向键选择要保护的图像，然后按控制轮中央按钮旋转

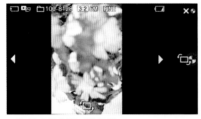

▲ 旋转为纵向显示的效果

▲ 旋转为横向显示的效果

使用经验：如果将"设置"菜单中的"回放显示"设置为"手动旋转"选项时，旋转的照片只能通过"旋转"菜单查看，在播放状态下不会显示旋转效果。

操作提示：在SONY α6000相机中，此功能在"播放菜单1"中。

▲ 在使用竖画幅拍摄人像时，可使用"旋转"功能，以便于查看图像

焦　　距 ▷ 50mm
光　　圈 ▷ F2.8
快门速度 ▷ 1/400s
感 光 度 ▷ ISO200

影像尺寸菜单

影像质量

　　功能要点：在SONY NEX中，可以利用"影像质量"菜单设置照片的存储格式，其中包括"RAW"、"RAW&JPEG"、"FINE精细"、"STD标准"等选项。虽然，菜单中列出了四个选项，但实际上只是两种照片存储格式的组合，即JPEG与RAW。

　　选项释义：下表列出了 4 个文件存储格式选项及其详细说明。

文件存储格式	说　　明
RAW	使用 RAW 格式记录照片，此格式记录的是照片的原始数据，因此后期调整空间极大。但 RAW 格式文件需使用专业软件才能查看
RAW&JPEG	同时创建 RAW 格式照片和 JPEG 格式大尺寸精细质量的照片，具有 RAW 格式与 JPEG 格式两者的优点，JPEG 格式照片方便浏览，RAW 格式照片用于后期编辑
FINE精细 STD标准	以 JPEG 格式压缩照片。由于"STD 标准"的压缩率高于"FINE 精细"的压缩率，因此"STD 标准"的文件尺寸会小于"FINE 精细"的文件尺寸，这样可以在 1 张存储卡上记录更多的文件，但是照片质量会略有降低。通常情况下，相机默认存储格式为"FINE 精细"，建议使用"FINE 精细"选项不仅可以提供更高的照片质量，经过简单的后期处理即可获得较好的画面效果；在高速连拍（如体育摄影）或大量拍摄（旅游纪念、纪实）时，"STD 标准"格式是最佳选择

操作步骤：在**影像尺寸**菜单中选择影像质量选项，按控制轮中央按钮确定，然后按▲或▼方向键选择所需的选项

　　操作提示：在SONY α6000相机中，此功能在"拍摄设置菜单1"。

焦　　距▶100mm
光　　圈▶F5.6
快门速度▶1/13s
感 光 度▶ISO100

▲ 使用RAW格式拍摄的照片，可以在尽量少损失画质的情况下进行调整，且可调整的范围更大。上图中通过后期将照片更改为荧光灯白平衡及阴天白平衡，画面依旧自然、生动，只是形成了不同风格的效果，画质没有发生太大的变化。由此可以看出，使用NEF格式拍摄的照片，在后期方面有较大的潜力

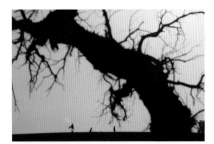

▲ 使用RAW格式拍摄的照片，经过后期调整成两幅风格迥异的画面效果，右上角是增加了色温，画面的暖调效果更加明显了，将夕阳温馨的感觉表现得很好；右下角则改变了照片风格，得到金灿灿的夕阳景象，画面看起来更加新颖

从上面的两组照片能够清楚地看出来，使用RAW格式拍摄的照片，在后期处理方面有较大的潜力。

JPEG与RAW格式的优劣对比如下面的表格所示。

JPEG与NEF格式的优劣对比		
格式	**JPEG**	**RAW**
占用空间	占用空间较小	占用空间很大，通常比相同尺寸的JPEG图像要大4~6倍
成像质量	虽然有压缩，但肉眼基本看不出来	以肉眼对比来看，基本看不出与JPEG格式的区别，但放大观看时照片能够达到更平滑的梯度和色调过渡
宽容度	此格式的图像是由数字信号处理器进行过加工的格式，进行了一定的压缩，虽然肉眼难以分辨，但其实少了很多细节。在对照片进行后期处理时容易发现这一点，对阴影（高光）区域进行强制性提亮（降暗）时，照片的画面会出现色条或噪点	RAW格式是原始的、未经数码相机处理的影像文件格式，它反映的是从影像传感器中得到的最直接的信息，是真正意义上的"数码底片"。由于RAW格式的影像未经相机的数字信号处理器调整清晰度、反差、色彩饱和度和白平衡，因而保留了丰富的图像原始数据，从后期处理角度来看，潜力巨大
可编辑性	如Photoshop、光影魔术手、美图秀秀等软件均可直接对其进行编辑，并可直接发布于QQ相册、论坛、微信、微博等网络媒体	需要使用专门的软件进行解码，然后导出成为JPEG格式的照片
适用题材	日常、游玩等拍摄	强调专业性、商业性的题材，如人像、商品静物等

使用经验：在相机液晶显示屏中显示的RAW格式照片与电脑上看到的效果不太一样，这是因为相机中的RAW格式照片已经过相机处理，液晶显示屏中显示的是RAW文件内嵌的JPEG照片，并不是真正的RAW文件照片。在电脑上使用专业软件打开RAW格式的照片时，电脑并未对照片进行任何调整，当然，这也会导致照片可能与相机中查看的效果略有偏差，但这才是真正的RAW格式照片，需要进一步处理才能展现出更完美的光影效果。

影像尺寸

　　功能要点：影像尺寸直接影响着最终输出照片的大小，通常情况下，只要存储卡空间足够，就建议使用较大的尺寸来保存照片。

　　操作步骤：在**影像尺寸**菜单中选择**影像尺寸**选项，然后按控制轮中央按钮，转动控制轮或按▲或▼方向键选择所需影像尺寸

　　使用经验：从最终用途来看，如果照片用于印刷、洗印，推荐使用大尺寸记录。如果只是用于网络发布、简单的记录或在存储卡空间不足时，可以根据情况选择较小的照片尺寸。

　　当将"影像质量"选项设置为RAW、RAW&JPEG时，此功能不能被激活。

　　操作提示：在SONY α6000相机中，此功能在"拍摄设置菜单1"。

在"影像尺寸"菜单中可选择的各个选项的含义如下表所列。

纵横比为3:2时的影像尺寸			
选项	像素值	分辨率	说明
L（大）	24M	6000×4000 像素	以最高影像质量拍摄照片
M（中）	12M	4240×2832 像素	适合以最大 A3 尺寸打印
S（小）	6M	3008×2000 像素	适合以 A5 尺寸打印
纵横比为16:9时的影像尺寸			
选项	像素值	分辨率	说明
L（大）	20M	6000×3376 像素	适合在高清电视机上观看
M（中）	10M	4240×2400 像素	
S（小）	5.1M	3008×1688 像素	

焦　　距 ▶ 24mm
光　　圈 ▶ F10
快门速度 ▶ 1/100s
感 光 度 ▶ ISO200

▶ 如果存储卡空间较大，尽量都使用大尺寸拍摄，因为有很多好作品都是不经意间拍出来的，如果因尺寸不够而成为憾事就不值得了

纵横比

功能要点：此菜单可设置照片高度与宽度的比例。通常情况下，标准的纵横比为3：2。

操作步骤：在**影像尺寸**菜单中选择**纵横比**选项，然后按控制轮中央按钮，转动控制轮或按▲或▼方向键选择3：2或16：9选项

▲ 使用3：2纵横比拍摄的示意图

▲ 使用16：9纵横比拍摄的示意图

使用经验：通常情况下，标准的纵横比为3：2。如果希望拍摄出适合在宽屏电脑显示器或高清电视上查看的照片，可以将"纵横比"设置为16：9。

照片的纵横比与构图的关系密切，不同的纵横比会使画面呈现出不同的效果，灵活使用纵横比可以使构图更完美。例如在使用广角镜头拍摄风光时，使用16：9纵横比拍摄的照片明显要比使用3：2纵横比拍摄的照片显得宽广和深邃。

操作提示：在SONY α 6000相机中，此功能在"拍摄设置菜单1"。

焦　　距　18mm
光　　圈　F8
快门速度　1/800s
感光度　ISO400

▲ 使用16：9纵横比拍摄的照片，画面的空间感更强，有利于强调场景的纵深感和空间感

◀ 使用3：2纵横比拍摄的照片，虽然使用同样的焦距拍摄，但画面的视觉效果较为普通

拍摄全景照片

功能简介：拍摄风光、建筑等大场景题材时，若想将眼前所看到的景色体现在一张照片上，形成气势恢宏的全景照片，通常需要拍摄多张素材照片，然后通过后期合成的方法得到全景照片。

而SONY NEX微单相机则可以通过"扫描全景"模式，使摄影师通过"扫描"的方式，直接拍出拼接好的全景照片，无需繁琐的后期处理，这是一个非常方便、实用的功能。

功能要点：在拍摄前，要根据需要设置全景照片的"影像尺寸"和"全景方向"两个选项。在拍摄时，半按快门锁定曝光参数，然后在水平或垂直方向上，按照液晶显示屏的指示匀速移动相机进行拍摄。移动相机的速度不能过快、抖动，否则可能会中断拍摄。但也不能过慢，否则可能由于没有拍摄到完整的被摄体而在照片中出现灰色区域。

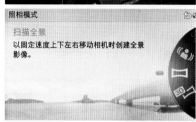

以固定速度上下左右移动相机时创建全景影像。

操作步骤：按下MODE图标所对应的软键C（即控制轮中央按钮），进入照相模式选择界面，然后转动控制轮选择扫描全景照相模式

▲ 在拍摄天空、地面等有丰富细节的景色时，应将"影像尺寸"设置为"标准"，以确保将天空、地面的景物都纳入画面

全景影像尺寸

功能要点：选择扫描全景照相模式后，可以在"影像尺寸"菜单的"全景"栏下设置"影像尺寸"选项。

操作步骤：对于SONY α 6000相机，直接转动模式旋钮，将扫描全景图标对齐左侧白线处，即可选择该照相模式

选项释义

■标准：选择此选项，则使用标准尺寸拍摄影像。当以垂直方向拍摄影像时，影像尺寸为3872×2160像素；当以水平方向拍摄影像时，影像尺寸为8192×1856像素。

■宽：选择此选项，则使用宽尺寸拍摄影像。当以垂直方向拍摄影像时，影像尺寸为5536×2160像素；当以水平方向拍摄影像时，影像尺寸为12416×1856像素。

操作提示：在SONY α 6000相机中，需要进入"拍摄设置菜单1"菜单，选择"全景：影像尺寸"选项。

操作步骤：在影像尺寸菜单中选择全景栏下的影像尺寸选项，按▲或▼方向键选择所需选项

全景方向

功能要点：通过选择"全景方向"选项，可以设置拍摄全景照片时相机的移动方向，选择"左"或"右"选项，可以在水平方向上拍摄全景照片，选择"上"或"下"选项，可以在垂直方向上拍摄全景照片。

选项释义

■右/左：选择此选项，则拍摄时需要将相机由画面的左侧向右侧，或由画面的右侧向左侧慢慢水平移动。

■上/下：选择此选项，则拍摄时需要将相机由画面的下方慢慢移向画面的上方，或由画面的上方慢慢移向画面的下方，期间注意保持垂直及稳定。

操作提示：在SONY α6000相机中，需要进入"拍摄设置菜单1"菜单，选择"全景：方向"选项。

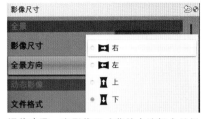

操作步骤：在**影像尺寸**菜单中选择全景栏下的**全景方向**选项，按▲或▼方向键选择所需选项

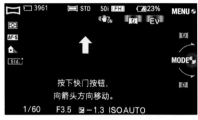

▲ 选择"上"选项时，菜单界面示意图

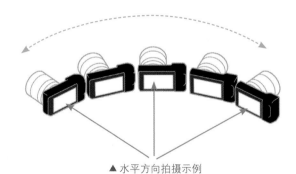

▲ 水平方向拍摄示例

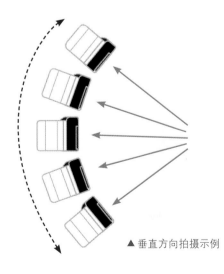

▲ 垂直方向拍摄示例

◀ 利用绿色植物作为前景，并使用低水平线来表现云彩厚重的天空，使画面的空间感更强烈，同时也很好地表现了天空中乌云密布的效果

第3章

亮度/色彩与设置菜单重要功能详解

亮度/色彩菜单

白平衡

　　功能要点：此菜单用于选择白平衡模式以及其中的相关参数。简单来说，白平衡的作用就是还原物体的真实色彩。由于不同的光源下，其色温有所不同，导致相机拍摄该光源下的物体时，所得到的照片也会随之产生一定的偏色，此时就可以使用白平衡进行校正偏色问题。

　　功能简介：SONY NEX微单相机提供了预设白平衡、色温/滤光片及自定义白平衡三类白平衡功能，以满足不同的拍摄需求。通常使用预设白平衡中的自定义白平衡即可较好地还原景物的色彩。

　　操作提示：在SONY α6000相机中，此功能在"拍摄设置菜单4"。

操作步骤：在**亮度/色彩**菜单中选择**白平衡模式**选项，然后按控制轮中央按钮，转动控制轮或按▲或▼方向键选择所需模式

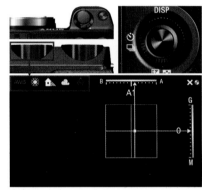

操作步骤：在SONY NEX 7相机中，按导航按钮选择白平衡设置界面，然后转动控制转盘L选择白平衡模式。在NEX 5及α6000相机中，按Fn按钮后使用方向键选择白平衡设置，然后转动控制拨轮选择所需的白平衡模式

◀ 在同一地点拍摄时，虽然时间相近，但由于拍摄时使用了不同的白平衡设置，最终得到两张完全不同效果的照片

预设白平衡

功能要点：SONY NEX微单相机有10种预设白平衡模式（SONY α6000相机还提供了水下自动白平衡模式），虽然通常使用自动白平衡模式就可以获得不错的色彩效果，但在特殊光线条件下使用自动白平衡模式有时可能无法得到准确的色彩还原，此时应根据不同的光线条件来选择不同的预设白平衡。

▲ 白炽灯发射的光线色温较低，所拍摄出来画面的色彩通常偏黄或偏红，使用白炽灯白平衡可以为画面增加蓝色，适合在某些室内环境拍摄使用时，如宴会、婚礼、舞台等

▲ 使用闪光灯拍摄的画面色彩略微偏冷，使用闪光灯白平衡可以为画面增加暖色，使照片的色彩得到较好还原，在以闪光灯作为主光源时，能够获得较好的色彩还原

▲ 阴天的光线色温较高，拍摄出来的照片色调偏冷，使用阴天白平衡可以为画面增加暖色，适合在云层较厚的天气或阴天拍摄时使用；或在拍摄特殊环境如日出日落时，为了获得漂亮的偏暖色光线，也经常使用此白平衡

▲ 在荧光灯下拍摄的画面很容易出现偏色问题，且由于灯光光谱不连续的原因，而出现时而偏黄、时而偏绿等不同程度的偏色。根据现场环境灯光的变化，选择相应的白平衡模式，可增加蓝色或洋红色色调，从而消除偏色问题，适合在以荧光灯作为主光源的环境中使用，如白色灯光、日光灯、节能灯等。根据荧光灯不同的颜色，可以根据实际拍摄环境来选择相应的白平衡模式。建议拍摄一张照片作为测试，以判断色彩还原是否准确

▲ 在阴影中拍摄时，由于光线色温较高，因此拍摄出来的画面偏蓝色，使用此白平衡可以为画面增加黄色以消除偏色，适合在晴天的阴影中拍摄，如建筑物或大树下的阴影。在拍摄特殊环境如日出日落时，为了获得漂亮的偏暖色光线，也经常使用此白平衡

▲ 在日光下拍摄时照片的色调偏冷，使用日光白平衡可以为画面增加不同程度的暖色，适合在空气较为通透或天空有少量薄云的晴天等场合使用

微调白平衡的色彩倾向

功能要点：此菜单可微调修正画面色调，以使拍出画面的色彩更加个性化或更符合拍摄场景的色彩倾向。

使用经验：可以通过微调，使每张照片都偏一点点蓝色，或者一点点紫红色。如果将色温值设置为9000K进行拍摄，但拍摄后认为照片可以更偏红一些，则也可以通过微调白平衡操作使拍摄出来的照片更红。

如果使用的是SONY NEX 7相机，还可以通过三重转盘进行设置，方法如右下图所示。

操作步骤：在**亮度/色彩**菜单中选择**白平衡模式**选项，转动控制轮或按▲或▼方向键选择所需白平衡选项，然后按OPTION所在的软键B进入白平衡微调界面，按◀或▶方向键在B（蓝色）和A（琥珀色）之间微调白平衡，按▲或▼方向键可在G（绿色）和M（洋红色）之间微调白平衡，调整完成后，按控制轮中央按钮确认，若按软键B则图中的小红点将还原到中心位置

焦　距　50mm
光　圈　F1.8
快门速度　1/1250s
感 光 度　ISO100

操作步骤：如果使用的是SONY NEX 7相机，可按导航按钮选择白平衡设置界面，转动控制转盘L（左）选择白平衡模式；转动控制转盘R（右）可以选择在B（蓝色）和A（琥珀色）之间水平微调白平衡；转动控制轮可以在G（绿色）和M（洋红色）之间垂直微调白平衡，半按快门即可退出调整状态。

◀ 大图为设置自动白平衡时的效果，右侧的2个小图是分别微调了白平衡后的效果，可以看到画面呈现出了不同的色彩效果

知识链接：白平衡与色温之间的关系

白平衡与色温之间是互为表里的关系，摄影师在相机上所设置的各类白平衡，实际上为相机指定了一个色温值（如下表所示）。而不同的光线之所以照射在同样的对象上，会使该物体的色彩看上去发生了变化，也同样是因为光线的色温不同（如下表所示）。

选 项		色 温	不同色温下光线色彩	说 明	不同色温下拍摄的照片色调
AWB 自动		3000 ~ 7000K	—	在任何环境下都适用	—
	☼ 白炽灯	3200K		在白炽灯照明环境下使用	
▒ 荧光灯	▒-1 暖白色荧光灯	3000K		在暖白色荧光灯照明环境下使用	
	▒0 冷白色荧光灯	4200K		在冷白色荧光灯照明环境下使用	
	▒+1 日光白色荧光灯	5000K		在日光白色荧光灯照明环境下使用	
	▒+2 日光荧光灯	6500K		在日光荧光灯照明环境下使用	
	☀ 日光	5200K		在拍摄对象处于直射阳光下时使用	
	☁ 阴天	6000K		在白天多云、黎明、黄昏时使用	
	⛅ 阴影	7000K		在拍摄对象处于白天阴影中时使用	
	📷 使用闪光灯	自动设定		在使用内置或另购的闪光灯时使用	—
	▦ 色温／滤色片	2500 ~ 9900K	—	在需要刻意选择色温时使用	—
	◢◣ 用户自定义	—	—	在光线复杂的环境下使用	—

▲ 根据不同的光线选择不同的白平衡模式，为照片增色添彩

手动选择色温

功能简介：为了应对复杂光线环境下的拍摄需要，SONY NEX 微单相机为色温调整白平衡模式提供了 2500~9900K 的调整范围，并可以以100K 为增量进行调整，用户可以根据实际色温和需要进行精确调整。

从色温调整增量可以看出，此功能可以进行更精确的色温控制，适合一些要求比较严格或希望使用更自由的色温时使用。

▲ 通过调整画面的色彩倾向，可以看出画面色温的变化更多

SONY NEX 7相机可以通过两种操作方法来设置色温，第一种是通过菜单来设置，第二种是通过三重转盘来操作。如下图所示。

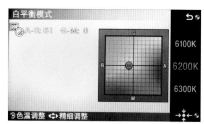

操作步骤：在**亮度/色彩**菜单中选择**白平衡模式**选项，转动控制轮或按▲或▼方向键选择**色温/滤光片**选项，然后按OPTION所在的软键B，转动控制轮选择想要的色温值

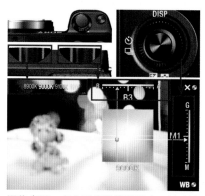

操作步骤：在白平衡设置界面中，转动控制转盘L（左）选择色温/滤色片模式，按对应K标识的软键B后，可以转动控制转盘L（左）可以选择色温值；转动控制转盘R（右）可以在选择色温值的基础上，在B（蓝色）和A（琥珀色）之间水平微调白平衡；转动控制轮可以在G（绿色）和M（洋红色）之间垂直微调色温，半按快门即可退出调整状态

使用经验：实际上，即使不知道拍摄时光源的色温，也可以使用此功能随意设定色温，有时能够取得意想不到的画面效果。

自定义白平衡

功能简介：此功能可用于手动定义白平衡，即通过预拍白色对象并正确还原其色彩的方式，达到准确还原拍摄现场色彩的目的。

使用经验：在实际拍摄时灵活运用自定义设置白平衡功能，可以使拍摄效果更加自然，这要比使用滤色镜获得的效果更好，操作也更方便。但要注意的是，当曝光不足或曝光过度时，使用自定义设置白平衡可能无法获得正确的白平衡。在实际拍摄时，可以使用18%灰度卡（市面有售）取代白色物体，这样可以更精确地设置白平衡。

▲ 在拍摄商业类照片时，由于对颜色要求较高，不能有色差现象，可通过自定义白平衡的方式获得准确的色彩，以保证拍摄出来的照片不偏色

焦　　距 ▶ 50mm
光　　圈 ▶ F4
快门速度 ▶ 1s
感 光 度 ▶ ISO100

❶ 在**亮度/色彩**菜单中选择**白平衡模式**选项，然后按控制轮中央按钮，按▲或▼方向键选择**自定义设置**选项

❸ 要使用自定义的白平衡时，在**白平衡模式**菜单中选择**自定义**选项即可

❷ 出现"按下快门按钮捕捉画面中央区域的数据"对话框，然后手持相机对准白纸（或白墙等）并让白色区域完全遮盖位于画面中央的圆点区域，然后按下快门按钮进行拍摄

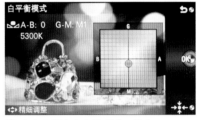

❹ 在**白平衡自定义**选项中，按与OPTION按钮对应的软键B，可以对自定义白平衡进行微调设置，按▲、▼、◀、▶方向键可对画面进行偏色调整

如果使用的是SONY NEX 7相机，还可以在导航按钮中进行设置，如下图所示。

❶ 按导航按钮选择白平衡设置，然后转动控制转盘L选择**自定义**选项，按SET对应的软键B

❸ 此时，画面中将出现相机测到的白平衡数值，如果决定使用此数值，可以按控制轮中央按钮(OK)确定

❷ 出现"按下快门按钮捕捉画面中央区域的数据"对话框，然后手持相机对准白纸（或白墙等）并让白色区域完全遮盖位于画面中央的圆点区域，按下快门按钮进行拍摄

创意风格

功能简介：创意风格就是相机依据不同拍摄题材的特点而进行的一些色彩、锐度及对比度等方面的校正。例如，在拍摄风光题材时，可以选择色彩较为艳丽、锐度和对比度都较高的"风景"风格，使拍摄出来的风景照片细节更清晰、色彩更浓郁。

操作步骤：在**亮度/色彩**菜单中选择**创意风格**选项，按▲或▼方向键选择所需创意风格模式

设定创意风格

功能简介：SONY NEX 7提供了13种不同效果的创意风格，包括标准、生动、中性、清澈、深色、清淡、肖像、风景、黄昏、夜景、红叶、黑白、棕褐色等。

选项释义

■**标准**：此风格是最常用的照片风格，使用该风格可以合理地组合对比度、色彩饱和度和锐度，拍摄的照片画面清晰，色彩鲜艳但不过饱和。

■**生动**：使用此风格拍摄时，画面的饱和度和对比度将会增强，用于拍摄花朵、蓝天、海景等具有丰富色彩的场景和被摄体。

■**中性**：此风格适合偏爱电脑图像处理的用户，使用该风格拍摄的画面饱和度及锐度都被削弱了，色彩较柔和、自然。

■**清澈**：此风格用于捕捉高亮区域具有透明色彩和清晰色调的照片。在拍摄晨雾、辐射光以及低对比度场景时最容易出效果。

■**深色**：使用此风格拍出的画面色调非常浓郁，适合拍摄具有深沉色彩表现力的照片。

■**轻淡**：使用此风格拍出的画面色调清爽、明亮，适合拍摄光照充足、色彩简单、几乎没有阴影的高亮色调照片。

■**肖像**：使用此风格拍摄人像时，画面的对比度将会降低，因此模特的皮肤显得更柔和、细腻。

■**风景**：使用此风格拍摄风景时，画面的饱和度、对比度和锐度都将会增强，适合拍摄生动鲜明的场景。即使在拍摄远处的风景时，也会有很好的表现。

■**黄昏**：使用此风格拍摄可以强调日出、日落的漂亮色调，尤其是晚霞色彩。

■**夜景**：使用此风格拍摄的画面对比度被减弱，适合捕捉更贴近真实景色的夜景。

■**红叶**：使用此风格拍摄时，画面中的红色和黄色的饱和度、对比度将增强，适合捕捉生动的秋景，突出红色及黄色树叶的色彩。

■**黑白**：使用此风格可拍摄黑白或单色的照片。需要注意的是，黑白风格不可设置色彩饱和度。

■**棕褐色**：使用此风格可拍摄棕褐色单色调且具有复古色彩的暖色调照片。

使用经验：不同的创意风格适用于不同的拍摄题材。例如肖像模式最适合拍摄人像，可以让照片中的人物皮肤更加柔和、细腻；风景模式适合拍摄风光，对画面中的蓝色和绿色有非常好的表现效果。有许多习惯于使用RAW文件格式保存照片的摄影师，在拍摄时比较抵触创意风格选项，认为在后期软件中一样能够进行此类设置。但实际上，根据拍摄经验，拍摄时使用某一创意风格得到的效果，与后期处理时使用创意风格得到的效果并不完全相同。因此，建议在拍摄时直接使用正确的创意风格。

操作提示：SONY NEX 5共提供了标准、生动、肖像、风景、黄昏、黑白6种创意风格。在SONY α6000相机中，此功能在"拍摄设置菜单4"中。

生动

清澈

肖像

风景

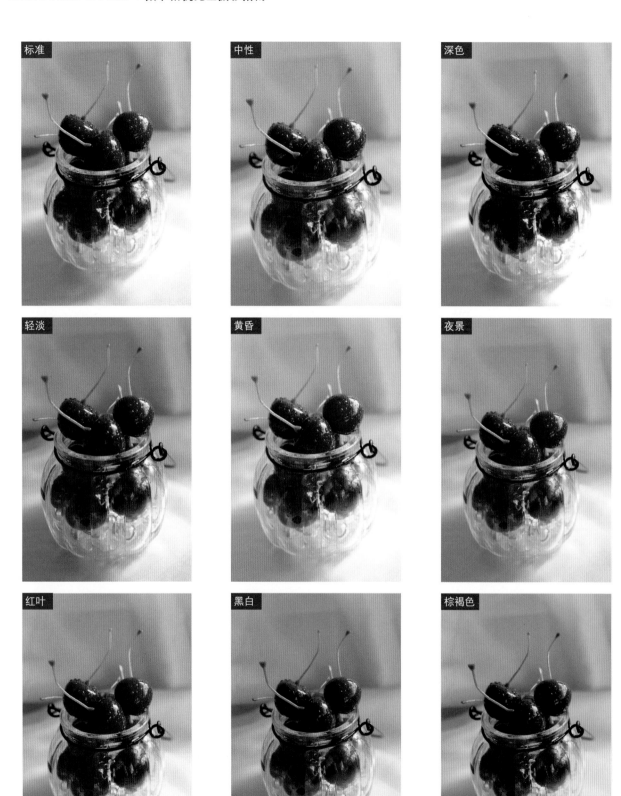

修改创意风格参数

功能简介：此菜单可根据需要修改其中的参数，以满足个性化的需求。除黑白风格外，其他类型的创意风格都有对比度、饱和度以及锐度3个参数可供调整。

操作步骤：选择**创意风格**选项中所需创意风格，然后按OPTION所在的软键B，按◀或▶方向键选择要编辑的参数选项，此处以选择**对比度**为例，转动控制轮或按▲或▼方向键调整参数的数值，然后按控制轮中央按钮确认

选项释义

■ **对比度**：用于控制图像的反差，设置范围在 –3~+3 之间。对比度数值越小，反差就越小，图像会变得越来越柔和；对比度数值越大，反差就越大，图像会变得越来越明快、清晰。

■ **饱和度**：用于控制色彩的鲜艳程度，设置范围在 –3~+3 之间。饱和度数值越低，画面色彩则变得越来越淡；饱和度数值越高，画面色彩则变得越来越艳。

■ **锐度**：用于控制图像的锐度，设置范围在 –3~+3 之间。锐度数值越低，则图像变得越来越模糊；锐度数值越高，则图像变得越来越清晰。

▲ 设置对比度前（+0）后（+3）的效果对比

▲ 设置饱和度前（+0）后（+3）的效果对比

▲ 设置锐度前（+0）后（+3）的效果对比

使用经验：在拍摄不同的题材时，应根据个人的喜好对创意风格进行修改，例如在拍摄风光时，可以加大对比度与锐度，从而使画面更立体、画面细节更锐利。拍摄女性人像时，创意风格中的"锐度"参数设置不宜过高，否则画面中人像的皮肤会显得比较粗糙。"对比度"数值也应该设置得稍低一点，这样人像的皮肤会有被柔化的感觉。

利用照片效果功能为拍摄增加趣味

功能简介：虽然使用后期处理软件可以很方便地为照片添加各种效果，但考虑到有一些摄影师并不习惯使用数码照片后期处理软件，因此SONY NEX微单相机提供了能够为照片添加多种滤镜效果的"照片效果"功能，以便拍摄出玩具相机、流行色彩、复古照片、局部彩色、柔焦等具有创意色调和效果的个性化照片。

操作提示：在SONY α6000相机中，此功能在"拍摄设置菜单4"菜单下，并且除了下列的模式外，还提供了"水彩画"和"插图"两种模式。

操作步骤：在**亮度/色彩**菜单中选择**照片效果**选项，按▲或▼方向键选择所需照片效果模式，当选择一些模式时，还可以按OPTION所在的软键B进入详细设置界面，转动控制轮或按▲或▼方向键选择所需选项

选项释义

■关：选择此选项，则关闭"照片效果"功能。

■玩具相机：选择此选项，则拍摄四角暗淡且色彩鲜明的玩具相机照片效果。当使用三重转盘控制操作时，可使用控制转盘R设置色调。

■流行色彩：选择此选项，则通过增加饱和度来强调画面色调，使画面更加生动。

■色调分离：选择此选项，则通过着重强调原色或使用黑白色创建高对比度且抽象的效果。当使用三重转盘控制操作时，可使用控制转盘 R 选择原色或黑白色。

■复古照片：选择此选项，则通过褐色色调且减少对比度来获得旧照片的效果。

■柔光亮调：选择此选项，可以选择明亮、透明、缥缈、轻柔、柔和氛围来创建照片，比较适合拍摄唯美人像。

■局部彩色：选择此选项，将创建保留所选择的色彩，而画面其他颜色转变为黑白的照片。当使用三重转盘控制操作时，控制转盘 R 将用于选择要保留的色彩。

■强反差单色：选择此选项，将创建对比度强烈的黑白照片。

■柔焦：选择此选项，则创建柔和光线照射效果的照片。当使用三重转盘控制操作时，控制转盘 R 将用于设置效果强度。

■HDR 绘画：选择此选项，则通过连拍 3 张照片来创建具有油画外观并增加色彩和细节的合成照片。当使用三重转盘控制操作时，控制转盘 R 将用于设置效果强度。

■丰富色调黑白：选择此选项，则通过连拍 3 张照片来合成一张具有丰富细节的黑白照片。

■微缩景观：选择此选项，则创建让被摄体更加生动而背景呈虚化效果，如微缩景观模型一样的照片。当使用三重转盘控制操作时，控制转盘 R 将用于选择对焦区域。

▲ 使用柔焦模式拍摄花朵，使画面多了一份浪漫与妩媚的感觉

焦　　距 ▶ 70mm
光　　圈 ▶ F5.6
快门速度 ▶ 1/400s
感 光 度 ▶ ISO100

使用DRO/自动HDR功能拍摄大光比画面

DRO（动态范围优化）

功能简介：由于数码相机的宽容度有限，因此在拍摄光比较大的画面时容易丢失细节。例如，在直射明亮阳光下拍摄时，照片中阴影区域或高光区域通常细节较少。

功能要点：DRO（动态范围优化）功能的作用是降低画面反差，防止照片的高光区域完全变白而显示不出任何细节，同时避免阴影区域中的细节丢失，从而获得曝光均匀的照片。因此，适合拍摄大光比或明暗反差较大的场景时使用。

开启DRO（动态范围优化）功能后，可以选择动态范围级别选项，以定义相机平衡高光与阴影区域的强度，包括"自动"、"Lv1"～"Lv5"等选项。

当选择"自动"选项时，相机将根据拍摄环境对照片中各区域进行修改，确保画面的不同亮度和色调都有一定的细节。

所选择的级别数值越高，相机修改照片中高光与阴影区域的强度也越大。

使用经验：此功能只能在P、S、A、M照相模式下启用。拍摄时使用的动态范围级别越高，拍摄出来照片中的噪点就越明显。

操作提示：在SONY α 6000相机中，此功能在"拍摄设置菜单4"中。

操作步骤：在亮度/色彩菜单中选择DRO/自动HDR选项，在DRO/自动HDR中选择动态范围优化选项，然后按软键B，按▲或▼方向键选择自动或Lv1到Lv5等级中的一个选项

▼ 通过下图的对比可以看出，未开启DRO功能的照片，画面对比强烈；而将级别设置为LV1、LV3时，画面对比较为明显；将级别设置为LV5时，画面对比柔和，高光及阴影部分都有一定的细节，但放大查看后会发现阴影部分出现了噪点

自动HDR

　　功能要点：在拍摄大光比场景时，除了使用前面讲述的"DRO（动态范围优化）"功能，还可以将此场景拍摄成为HDR照片，从而获得高光部分及暗调部分均有细节的照片。

　　使用SONY NEX微单相机的"自动HDR"功能，即可以直接拍出HDR照片。其原理是先连续拍摄3张不同曝光量的照片，然后由相机进行图像合成，从而使获得暗调与高光区域都能均匀显示细节的照片。

　　使用此功能时，需要设置"自动HDR：曝光差异"选项，用于定义当前拍摄场景中高光部分与阴影部分的曝光等级，可选的曝光等级范围为1.0EV（弱）~6.0EV（强），拍摄场景的明暗反差越大，所选择的曝光等级也应该越高。

　　使用经验：在使用"自动HDR"功能拍摄时，建议使用三脚架或努力使相机保持稳定，避免拍摄（连拍三张）过程中重新构图，以保证拍出来三张照片的画面内容完全一样，还应注意被摄对象应是静止的，否则会出现重影现象。"自动HDR"功能只适用于以JPEG格式保存的照片。当照片存储格式被设置为RAW时，此功能无法启用。

　　操作提示：在SONY α6000相机中，此功能在"拍摄设置菜单4"中。

　　操作步骤：在DRO/**自动**HDR菜单中选择**自动**HDR选项，然后按软键B进入下一级界面，按▲或▼方向键选择**自动**或1.0EV~6.0EV中的一个选项

知识链接：了解数码照片的宽容度

　　数码相机与胶片相机的最大区别之一就是宽容度不同，即两类相机能够记录的亮度动态范围不同。数码相机能够记录的从最亮区域到最暗区域的（范围小于胶片相机），超出这个范围的画面均会表现为没有细节的黑色或白色。而如果希望在数码照片中表现更广的动态范围，比较好的方法就是利用相机的HDR功能进行拍摄，将亮部、暗部曝光均正确的影像合成在一张照片中。

◀ 要注意的是，此功能不适合用来拍摄有运动对象的场景，因为连拍合成将会导致运动对象的成像重叠

设置菜单

日期时间设置

功能要点：大多数摄友通常都以时间+标注的形式整理自己拍摄的数码照片，例如"2014.8.1-避暑山庄"。

在这种情况下，让相机正确显示日期和时间就显得非常重要，利用"日期时间设置"菜单可以很好地完成设置日期与时间的任务。

操作提示：在SONY α6000相机中，此功能在"设置菜单4"。

操作步骤：在**设置菜单**中选择**日期时间设**置选项，然后按控制轮中央按钮，按◀或▶方向键选择要修改的选项，然后按▲或▼方向键修改设置，修改完成后按控制轮中央按钮保存

区域设置

功能要点：除了要设置正确的日期和时间外，设置正确的时区也很重要。

当在国外旅行时，通过此菜单将时区设置为所在国家的时区，就可以在照片中记录当地时间。

操作提示：在SONY α6000相机中，此功能在"设置菜单4"。

操作步骤：在**设置菜单**中选**区域设置**选项，按控制轮中央按钮后，按◀或▶方向键选择所在地方的时区，然后按控制轮中央按钮保存设置

回放显示

功能要点：将"回放显示"菜单设置为"自动旋转"时，相机将在液晶显示屏中旋转所有竖向拍摄的照片，使其以垂直方向显示，这样在浏览竖向拍摄的照片时就不必再旋转相机了。

操作提示：在SONY α6000相机中，此功能为"播放菜单1"中的"显示旋转"选项，包含"手动"和"关"两个选项，当选择"手动"选项时，竖向拍摄的照片会自动旋转。

操作步骤：在**设置菜单**中选择**回放显示**选项，按控制轮中央按钮，转动控制轮或按▲或▼方向键选择**自动旋转**或**手动旋转**选项

▲ 选择**自动旋转**选项时，竖拍照片的显示效果

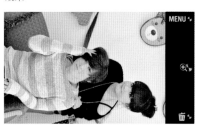

▲ 选择**手动旋转**选项时，竖拍照片的显示效果

正确的显示时间有利于后期按日期寻找照片，应该注意时间的设置

焦 距	▷ 100mm
光 圈	▷ F14
快门速度	▷ 1/320s
感 光 度	▷ ISO100

文件序号

功能要点：此菜单用于控制相机在存储照片时，以何种文件编号方式进行文件命名。

功能简介：包含"系列"与"复位"两个选项。

选项释义

■系列：选择此选项，则将会从流水号0001至9999的顺序自动对照片文件进行编号，即使中间更换存储卡或创建新文件夹，也会沿用这种规律。

■复位：选择此选项，当文件夹中所有照片被删除、更换存储卡、格式化存储卡时，相机会重置序号并从0001开始指定文件序号。当记录文件夹中包含文件时，会指定一个比最大序号多1的数字作为文件序号。

使用经验：利用"复位"选项可以达到快速分类的目的，例如在拍摄不同场景、不同主题时，可通过更换存储卡或文件夹的方式，使照片的序号重新排序。

操作提示：在SONY α6000相机中，此功能在"设置菜单5"。

操作步骤：在**设置**菜单中选择**文件序号**选项，然后按控制轮中央按钮，转动控制轮或按▲或▼方向键选择**系列**或**复位**选项

文件夹名

功能要点：根据自己的需要设置文件夹的名称，以便于后期查找。

功能简介：如果选择"日期型"选项，则以日期形式命名文件夹，相机将会改用"文件夹编号+年（最后一位数字）+月+日"的格式为文件夹命名。例如，10640326，其中前三位数字"106"是文件夹编号，"4"是年份（2014年的最后一位数字），03是月份，26是日期，即拍摄照片的日期为2014年3月26日。

使用经验：当需要以每天拍摄的内容来区分作品时，如外出旅行、宝宝成长纪念等，可以选择"日期型"文件夹命名形式进行照片归类。每一个日期建立一个新文件夹，则照片会被存储在当天建立的文件夹中，在电脑上查看不同日期拍摄的照片时，根据文件夹的日期就可以很方便找到当天所拍摄的照片。

操作步骤：在**设置**菜单中选择**文件夹名**选项，然后按控制轮中央按钮，转动控制轮或按▲或▼方向键选择一个选项

操作提示：在SONY α6000相机中，此功能在"设置菜单5"中。

焦　　距 ▷ 85mm
光　　圈 ▷ F2.8
快门速度 ▷ 1/250s
感光度 ▷ ISO200

◀ 如果当天的拍摄主题鲜明，这样在后期整理照片时，只要找到该拍摄日期的文件夹，然后在文件夹上加上拍摄的主题，就归类很明确了

选择拍摄文件夹

功能要点：依据不同的拍摄场景、主题、题材等指定照片存放的文件夹，可以简化整理照片的工作，达到快速分类的效果。

功能简介：当在"文件夹名"中选择"标准型"选项时，如果存储卡中有两个或更多的文件夹，可以通过"选择拍摄文件夹"菜单设置以后拍摄的照片存放的文件夹。

操作提示：在SONY α6000相机中，此功能为"设置菜单5"中的"选择REC文件夹"选项。

操作步骤：在**设置菜单**中选择**选择拍摄文件夹**选项，然后按控制轮中央按钮，按▲或▼方向键选择所需的文件夹，然后按控制轮中央按钮确认

新文件夹

功能要点：使用"新文件夹"菜单可以在存储卡中创建一个新文件夹来记录照片，以方便后期归类照片。

功能简介：新创建的文件夹名称会以"文件夹名"菜单的格式来命名，名称编号为最后文件夹名称编号的下一编号。例如在"文件夹名"菜单中选择"标准型"时，最后文件夹名称编号为100MSDCF，那么新创建的文件夹名称则为101MSDCF。

如果在"文件夹名"菜单中选择"日期型"时，最后文件夹名称编号为10640326，那么新创建的文件夹名称则为10740326。

当新文件夹创建成功后，接下来拍摄的照片将会被记录在新创建的文件夹中。

操作提示：在SONY α6000相机中，此功能在"设置菜单5"中。

操作步骤：在**设置菜单**中选择**新文件夹**选项，然后按控制轮中央按钮，液晶显示屏上显示为"100MSDCF文件夹被创建"信息，代表新文件夹创建成功，然后按控制轮中央按钮可以退出

焦　　距 ▷ 35mm
光　　圈 ▷ F6.3
快门速度 ▷ 1/160s
感 光 度 ▷ ISO100

◀ 当拍摄下一个主题或更换环境时，都可以通过创建新的文件夹使照片分类更明细

节电

功能要点：使用"节电"菜单可以设置相机进入节电模式前液晶显示屏处于开启状态的时间。

功能简介：此菜单包括"10秒"、"20秒"、"1分钟"、"5分钟"以及"30分钟"5个选项。选择任意一个选项后，如果在指定时间内未在相机上进行任何操作，则相机自动关闭液晶显示屏进入节电模式，要重新激活相机可以半按快门。

使用经验：在实际拍摄中，可以将"节电"设置为1分钟或5分钟，这样既可以保证抓拍的即时性，又可以最大限度地节电。

将"节电"时间设置得越短，对节省电池电力就越有利，当摄影师身处严寒环境中拍摄时，这样的设置就显得尤其重要，因为在低温环境中电池电力的消耗速度往往是常温的几倍。

操作提示：在SONY α6000相机中，此功能为"设置菜单2"中的"自动关机开始时间"选项，包含"10秒""1分钟""2分钟""5分钟"以及"30分钟"5个选项。在SONY NEX 5相机中，虽然有"节电"菜单，但只有"最大"或"标准"两个选项。而在"自动关机开始时间"菜单中，才可以选择"10秒"、"20秒"、"1分钟"、"5分钟"以及"30分钟"选项。

操作步骤：在**设置**菜单中选择**节电**选项，按控制轮中央按钮，转动控制轮或按▲或▼方向键选择一个时间选项

▼ 冬季气温较低，电池耗电比较快，设置较短的"节电"时间，可以有效节省电池电量（焦距：18mm　光圈：F8　快门速度：1/80s　感光度：ISO100）

焦　　距▷18mm
光　　圈▷F8
快门速度▷1/80s
感 光 度▷ISO100

显示的颜色

功能要点：通过"显示的颜色"菜单可以更换液晶显示屏的背景色。

功能简介：包括"黑"、"白"两个选项。当光线较亮时，选择"白"更容易看清楚；当光线较暗时，选择"黑"能够使液晶显示屏看上去不太刺眼。

使用经验：在较强的光线下查看液晶显示屏时，如果在"显示的颜色"中选择"黑"，也就是黑底白字，这样很难看清楚屏幕上的字，因此需要将其设置为"白"。但在光线较弱甚至在夜间拍摄时，将"显示的颜色"设置为"黑"，由于周围环境较暗，而屏幕上的字是白色的，所以更容易看清楚。

操作提示：SONY α6000相机无此功能。在SONY NEX 5相机中可选择液晶显示屏的颜色更多，包含"黑"、"白"、"蓝"、"粉"四个选项。

  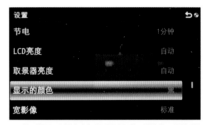

操作步骤：在**设置**菜单中选择**显示的颜色**选项，按控制轮中央按钮，转动控制轮或按▲或▼方向键选择**黑**或**白**选项

▲ 将"显示的颜色"设置为"白"时的显示效果

▲ 将"显示的颜色"设置为"黑"时的显示效果

LCD亮度

功能要点：此菜单用于控制显示器的亮度。

选项释义

■自动：选择此选项，则相机根据环境亮度自动调节液晶显示屏亮度。

■手动：选择此选项，可在 -2~+2 范围内手动调节液晶显示屏亮度。

■晴朗天气：选择此选项，相机将自动调节液晶显示屏亮度到适合进行室外拍摄的程度，这样即使在阳光强烈的午后进行拍摄，仍然能够轻松查看液晶显示屏中显示的各项信息及照片。

操作步骤：在设置菜单中选择**LCD亮度**选项，按控制轮中央按钮进入设置界面，转动控制轮或按▲或▼方向键选择所需选项，然后按控制轮中央按钮确定修改

使用经验：建议找一个显示正确的显示器，然后在计算机和相机上显示同一张照片，再调整显示屏的亮度，直至二者的显示最为相近为止，从而保证查看到的照片结果尽可能接近最终需要的结果，而不会有太大的偏差。

另外，在光线充足的环境里查看相机的显示屏时，由于屏幕会出现明亮反光，因此难以看清。但如果能够灵活运用以下几个小技巧，则能够较好地解决此问题。

（1）选择背光的方向查看显示屏，并在查看时用手遮挡阳光。

（2）购买专用显示屏遮光罩，这种遮光罩可以在屏幕上方弹出，以遮挡强光。

（3）用随身衣物罩住相机，形成较暗的观看环境，以便于看清显示屏。

操作提示：在SONY α6000相机中，此功能为"设置菜单1"中的"显示屏亮度"选项，它提供了"手动"和"晴朗天气"两个选项。在SONY NEX 5相机中，此功能被称为"液晶显示屏亮度"。

格式化

　　功能要点：使用"格式化"功能对其进行格式化，以删除存储卡中的全部数据。

　　使用经验：在格式化存储卡时，存储卡中的所有图像和数据都将被删除，即使被保护的图像也不例外，因此需要在格式化之前将要保留的照片文件转存到新的存储卡或电脑中。

　　对于新的存储卡或者被其他相机、计算机使用过的存储卡，在使用前建议格式化一次，以免发生格式错误。

　　虽然现在互联网上流传着各种数据恢复软件，如Finaldata、EasyRecovery等，但实际上要恢复被格式化的存储卡中的所有数据，仍然有一定困难。而且即使有部分数据被恢复出来，也有可能出现文件无法识别、文件名成为乱码的情况，因此不可抱有侥幸心理。

　　操作提示：在SONY α6000相机中，此功能在"设置菜单5"中。

所有数据都会被删除。
格式化吗？

OK

操作步骤：在**设置**菜单中选择**格式化**选项，按控制轮中央按钮，按软键B（屏幕上标有OK字母对应的软键）确认开始格式化，按软键A即可取消操作，返回上一级菜单

▲ 格式化前一定养成检查照片是否备份的习惯，以免误删精彩照片

焦　　距 ▶ 18mm
光　　圈 ▶ F5.6
快门速度 ▶ 1/250s
感 光 度 ▶ ISO200

自动检视

功能要点：为了方便拍摄后立即查看拍摄结果，可以在"自动检视"菜单中设置拍摄后在液晶显示屏上显示照片的时间长度。

功能简介：一般情况下，建议不要设置太长的自动检视时间，以免耽误时间，错失下一张的拍摄时机，尤其在抓拍时，建议选择 "关"或"2秒"，这样不仅可以快速进行下一次拍摄，还可以为相机省电。当然，如果是拍摄微距等需要精确对焦且不需要抓紧时间拍摄的题材，可以选择较长的自动检视时间，以使有充足的时间对照片的品质作出判断。

选项释义

■ 2秒／5秒／10秒：选择不同的选项，可以控制相机显示照片的时长为2秒、5秒或10秒。

■ 关：选择此选项，拍摄完成后相机不会自动显示图像，液晶显示屏会即刻回到拍摄画面。

使用经验：如果拍摄现场环境变化不大，只需在开始拍摄时反复查看所拍照片是否满意，并据此调整拍摄参数，而一旦确认了曝光、对焦方式等参数后，则不必每次拍摄后都显示并查看照片，这样就可以通过此菜单来关闭照片的回放操作。

在自动检视模式下浏览照片时，半按快门可快速回到拍摄画面。

操作提示：在SONY α6000相机中，此功能在"自定义设置菜单1"。

操作步骤：在**设置**菜单中选择**自动检视**选项，按控制轮中央按钮，转动控制轮或按▲或▼方向键选择照片检视的时间

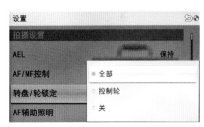

▲ 开启自动检视功能后，刚刚拍摄的照片会即刻显示在液晶显示屏中，且在右侧可以使用对应🔍图标的软键C，查看图像的对焦点是否清晰；也可以使用对应🗑图标的软键B删除不满意的照片，操作起来很方便

转盘/轮锁定

功能要点：此菜单用于根据用户习惯设置在按住导航按钮时是否锁定控制转盘L/R和控制轮。

选项释义

■ 全部：选择此选项，将锁定控制转盘 L/R 和控制轮。

■ 控制轮：选择此选项，仅锁定控制轮。

■ 关：选择此选项，则不锁定控制转盘 L/R 和控制轮，允许其正常操作。

操作提示：SONY NEX 5 没有此功能。在SONY α6000相机中，可以在"自定义设置菜单6"中的"转盘/拨盘锁定"选项中，设定当按下Fn按钮时，是否在拍摄期间暂停使用控制转盘/控制拨轮的功能，持续按Fn按钮可锁定或解除锁定。

操作步骤：在**设置**菜单中选择**转盘/轮锁定**选项，按控制轮中央按钮，转动控制轮或按▲或▼方向键选择所需选项

FINDER/LCD选择设置

功能要点：利用SONY NEX微单相机的"FINDER/LCD选择设置"功能可以检测到拍摄者正在通过取景器拍摄，还是正在通过液晶显示屏拍摄，从而在取景器与液晶显示屏之间进行切换。

选项释义

■**自动**：选择此选项，当向取景器中看时，显示画面会自动切换为取景器；不再使用取景器时，又会自动切换回LCD监视器。

■**取景器**：选择此选项，液晶显示屏被关闭，照片将在取景器上显示，适合在剩余电量较少时使用。

■**LCD监视器**：选择此选项，取景器被关闭，照片将在液晶显示屏上显示。

使用经验：通常情况下，建议将其设置为"自动"，例如在所拍摄的照片需要精确对焦时，既需要仔细查看液晶显示屏的对焦情况，又要通过取景器取景拍摄，此时如果选择其他两个选项，都会因脸部靠得太近而导致液晶显示屏或取景器被关闭，为拍摄带来不便。

当选择"取景器"选项时，液晶显示屏将被关闭，将无论按任何键或重启相机都不能激活液晶显示屏。此时，如要设置菜单、浏览照片只能在取景器中进行。

操作提示：在SONY α6000相机中，此功能为"自定义设置菜单3"中的"FINDER/MONITOR"选项。SONY NEX 5相机需要外接取景器才能激活此功能。

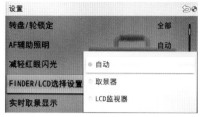

操作步骤：在**设置**菜单中选择FINDER/LCD**选择设置**选项，按控制轮中央按钮，转动控制轮或按▲或▼方向键选择一个选项

▼ 在进行微距摄影时，建议使用LCD监视器进行拍摄，这样在放大图像时，可以更直观、准确地查看对焦点是否清晰

焦　　距 ▷ 30mm
光　　圈 ▷ F5.6
快门速度 ▷ 1/400s
感 光 度 ▷ ISO100

第 **4** 章

获得正确曝光

SONY NEX微单的照相模式简介

SONY NEX 微单相机提供了多种照相模式，这些照相模式大体可以分为两类，一类是适合初学者使用的智能自动、增强自动（SONY NEX 5和α6000）、SCN（场景选择）模式，使用这些照相模式拍摄时，大部分甚至全部参数均由相机自动设定，以简化拍摄过程，降低拍摄的难度，提高拍摄成功率，但正因为如此，摄影师无法得到个性化的拍摄结果。

另一类是适合有一定拍摄经验并掌握了必要摄影理论知识的摄影爱好者使用的P、S、A、M模式，使用这些照相模式拍摄时，拍摄者可以自定义光圈、快门速度、感光度、白平衡等拍摄参数，因此能够拍摄出符合摄影师表达意图的作品，例如，可以通过降低曝光补偿使照片的色彩更深沉、浓郁。

操作步骤：按MODE图标所对应的软键C（即控制轮中央按钮），进入照相模式选择界面，然后转动控制轮或按▲或▼方向键选择所需照相模式。当选择SCN模式时，按控制轮中央按钮进入场景选择界面，然后转动控制轮或按▲或▼方向键选择所需照相模式。对于SONY α6000相机而言，直接转动模式旋钮，将所需要的模式图标对齐左侧的白线，即可选择该照相模式。当选择了SCN（场景选择）模式时，转动控制拨轮选择所需要的场景模式

智能自动（i📷）/增强自动（i📷⁺）照相模式

使用此模式拍摄时，相机自动分析被摄体及现场环境，并选择相应的场景模式进行拍摄。

默认情况下，相机可识别出夜景、三脚架夜景、夜景肖像、背光、背光肖像、肖像、风景、微距、聚光灯、弱光及婴儿等11种场景类型（SONY α6000相机还有手持夜景模式）。当相机识别出场景类型时，场景识别图标和指示会出现在画面上。当然，即使相机未识别出场景，也可以进行拍摄。

与智能自动模式相比，使用增强自动模式拍摄的照片质量更好，不仅会显示场景图标，还会显示最适合所识别场景的拍摄操作，如连拍、低速同步、自动HDR、日光同步、低速快门、手持夜景等。当在光线不足或逆光场景拍摄时，会连拍多张照片并合成一张最佳照片，以达到减少噪点或降低照片的明暗反差程度。

焦　　距 ▶ 200mm
光　　圈 ▶ F5.6
快门速度 ▶ 1/400s
感 光 度 ▶ ISO400

▶ 使用智能自动模式可以轻松应对多种拍摄场景，完全交给相机自动处理曝光问题，摄影者只需专注于拍摄、构图即可，非常适合初学者使用

场景选择模式

SONY NEX微单相机的场景选择模式是针对摄影经验不足的新手设计的一项功能，其作用是帮助拍摄者选择相应的场景类型，从而快速拍出好照片。例如，在户外拍摄风光时，选择风景照相模式拍摄，即可拍摄出色彩较艳丽、画面锐度较高的照片。

相机内预设的场景模式包括肖像模式、风景模式、微距模式、运动模式、黄昏模式、夜景肖像模式、夜景模式、手持夜景模式等，SONY NEX 5和α6000相机还包括动作防抖模式。

肖像模式 ◐

使用此场景模式拍摄时，相机会在当前最大光圈的基础上进行一定的收缩，以保证获得较高的成像质量，并通过相机内部优化，使人物的脸部更加柔美，背景呈现漂亮的虚化效果。

微距模式 ✿

微距模式适合拍摄花卉、静物、昆虫等微小物体。在该场景模式下，相机自动调整光圈，直至画面的主体变得清晰、背景变得模糊为止。如果所拍摄的场景较暗，相机会自动开启闪光灯。

风景模式 ▲

使用此场景模式拍摄时，可以在白天拍摄出对焦清晰、色彩鲜艳的风景照片。为了保证获得足够大的景深，在拍摄时相机会自动缩小光圈。

运动模式 ✎

使用此场景模式拍摄时，相机将使用高速快门，以确保能够在画面中定格清晰的动态对象。在按下快门期间，相机会连续进行拍摄，以获得动态效果连续的照片。

黄昏模式 ⊜

使用此场景模式拍摄时，可以轻松拍摄出漂亮的落日或晚霞风景照片，拍摄时相机会自动调整色温，使最终拍摄出来的照片呈现温暖的橙黄色调。

夜景模式 ☾

夜景模式适合拍摄夜间的风景，为了保证照片获得足够大的景深，通常要使用较小的光圈。使用该场景模式拍摄时需要使用三脚架，以保证相机处于稳定状态。

夜景肖像模式 ☾

选择此场景模式后，相机会自动打开内置闪光灯并使用较低的快门速度。在闪光灯照亮人物的同时，慢速快门能够使画面背景获得足够的曝光。由于快门速度较慢，需要使用三脚架，以保证相机处于稳定状态。

手持夜景模式 ✋

使用手持夜景模式以手持相机的形式拍摄夜景时，相机会自动选择稍高一点的快门速度，连续拍摄数张图像，并在相机内部合成为一张照片。在图像被合成时，相机会对图像的错位和拍摄时的抖动进行补偿，最终得到低噪点、高画质的夜景照片。如果在拍摄夜景时没有携带三脚架，可以考虑使用此模式。

动作防抖模式《👤》

在光线不足的环境下（如室内、夜景）拍摄时，如果不希望开启闪光灯破坏现象气氛，又或者不允许开启闪光灯（如在博物馆、室内拍婴儿），选择此照相模式进行拍摄，可以获得清晰的照片。

使用此照相模式拍摄时，相机将提高感光度并连拍6张照片，然后自动合成为1张照片，以达到减少噪点并避免出现因相机抖动而导致画面模糊的情况。

▲ 想要使用动作防抖功能成功拍出不错的照片，还需要耐心地试验几次，掌握规律，这样才能发现此功能的好用之处

焦　　距 ▷ 28mm
光　　圈 ▷ F2.8
快门速度 ▷ 1/100s
感 光 度 ▷ ISO320

智能照相模式

SONY NEX微单相机提供了程序自动、光圈优先和快门优先3种自动照相模式，以及完全由摄影师控制拍摄参数的手动照相模式，这已经完全可以满足摄影师的拍摄需求了。

程序自动模式（P）

使用此照相模式拍摄时，相机会基于一套算法自动确定光圈与快门速度组合。通常，相机会自动选择一种适合手持拍摄而且不受相机抖动影响的快门速度，同时还会调整光圈以得到合适的景深，从而确保所有景物都能清晰呈现。

使用程序自动模式拍摄时，相机会自动确定最优曝光组合。摄影师仍然可以设置ISO感光度、创意风格、曝光补偿等参数。此模式的最大优点是操作简单、快捷，适合拍摄快照或那些不用十分注重曝光控制的场景，例如新闻、纪实摄影或进行偷拍、自拍等。

▲ 在旅游胜地，为避免错过精彩画面可用P挡快速抓拍当地的居民，画面效果十分生动

焦　　距 ▶ 50mm
光　　圈 ▶ F7.1
快门速度 ▶ 1/160s
感 光 度 ▶ ISO800

操作步骤：SONY NEX 7相机在拍摄状态下，按MODE图标所对应的控制轮中央按钮，进入照相模式选择界面，然后转动控制轮或按▲或▼方向键选择程序自动模式。在P模式下，可以使用控制转盘L选择不同的快门速度与光圈组合

操作步骤：对于SONY α6000相机而言，将相机顶部的模式旋钮旋转至P，即可选择程序自动模式。在P模式下，转动控制转盘可选择不同的快门速度与光圈组合

使用经验：相机自动选择的曝光设置未必是最佳组合。例如，摄影师可能认为按此快门速度手持拍摄不够稳定，或者希望用更大的光圈。此时，可以利用SONY NEX微单相机的柔性程序，即在P模式下，在保持测定的曝光值不变的情况下，SONY NEX 7相机可通过转动控制转盘L来改变光圈和快门速度组合；SONY α6000相机则是转动控制转盘选择不同的快门速度与光圈组合（即等效曝光）。

快门优先模式（S）

在快门优先模式下，拍摄者可以自主控制快门速度，然后相机会自动计算光圈的大小，以获得正确的曝光组合。

较高的快门速度可以凝固运动主体的动作或精彩瞬间，如运动的人物或动物、行驶的汽车、飞溅的浪花等；较慢的快门速度可以形成模糊效果，从而产生动感，如夜间的车流、如丝般的流水等。

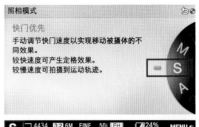

▲ 若想清晰地抓拍到狗狗腾起的画面，需设置较高的快门速度

焦　　距 ▶ 70mm
光　　圈 ▶ F5.6
快门速度 ▶ 1/640s
感 光 度 ▶ ISO320

操作步骤：SONY NEX 7相机在拍摄状态下，按MODE图标所对应的控制轮中央按钮，进入照相模式选择界面，然后转动控制轮或按▲或▼方向键选择快门优先模式。在S模式下，可以转动控制转盘L选择不同的快门速度值。

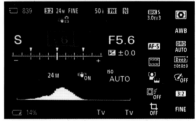

操作方法：对于SONY α6000相机而言，将相机顶部的模式旋钮旋转至S，即可选择快门优先模式。在快门优先模式下，可以转动控制转盘选择不同的快门速度值

▲ 以1s的曝光时间拍摄得到的溪流效果

焦　　距 ▶ 26mm
光　　圈 ▶ F22
快门速度 ▶ 1s
感 光 度 ▶ ISO100

光圈优先模式(A)

在光圈优先模式下，拍摄者可以自主控制光圈的大小，相机会根据当前设置的光圈值自动计算出合适的快门速度，以正确曝光当前拍摄的场景。

使用光圈优先模式可以控制画面的景深，在同样的拍摄距离下，光圈越大，景深越小，即画面中的前景、背景的虚化效果就越好；反之，光圈越小，则景深越大，即画面中的前景、背景的清晰度越高。

使用经验：使用光圈优先模式应该注意如下两个问题。

（1）当光圈过大而导致快门速度超出了相机的极限时，如果仍然希望保持该光圈，可以尝试降低ISO感光度的数值，或使用中灰滤镜降低光线的进入量，以保证曝光准确。

（2）为了得到大景深而使用小光圈时，应该注意快门速度不能低于安全快门速度。

在人像摄影中，常采用大光圈虚化背景，制造唯美效果

焦　　距 ▷	150mm
光　　圈 ▷	F3.2
快门速度 ▷	1/250s
感 光 度 ▷	ISO200

操作步骤：SONY NEX 7相机在拍摄状态下，按MODE图标所对应的控制轮中央按钮，进入照相模式选择界面，然后转动控制轮或按▲或▼方向键选择光圈优先模式。在光圈优先模式下，可以转动控制转盘L选择不同的光圈值

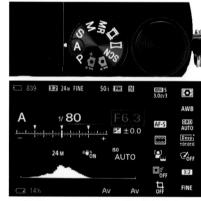

操作方法：对于SONY α6000相机而言，将相机顶部的模式旋钮旋转至A，即可选择光圈优先模式。在光圈优先模式下，可以转动控制转盘选择不同的光圈值

焦　　距 ▷	18mm
光　　圈 ▷	F16
快门速度 ▷	1/20s
感 光 度 ▷	ISO100

◀ 使用F16的小光圈拍摄得到大景深的风光画面，画面前后的景物都非常清晰

全手动模式（M）

在手动照相模式下，所有拍摄参数都由摄影师手动进行设置，使用此模式拍摄有以下优点。

首先，使用M挡手动照相模式拍摄时，当摄影师设置好恰当的光圈、快门速度数值后，即使移动镜头进行重新构图，光圈与快门速度的数值也不会发生变化。

其次，使用其他照相模式拍摄时，往往需要根据场景的亮度，在测光后进行曝光补偿操作；而在M挡手动照相模式下，由于光圈与快门速度值都是由摄影师手动设定的，因此在设定的同时就可以将曝光补偿考虑在内，从而省略了曝光补偿的设置过程。

在手动照相模式下，摄影师可以按自己的想法让照片曝光不足，以使照片显得较暗，给人忧伤的感觉；或者让照片稍微过曝，从而拍摄出明快的高调照片。

▲ 在棚内拍摄人像时，由于光线较为固定，不会有明显的变化，而且有时也受光具的限制，因此通常都是采用手动模式进行拍摄

焦　　距 ▶ 85mm
光　　圈 ▶ F9
快门速度 ▶ 1/160s
感 光 度 ▶ ISO100

操作步骤：对于SONY NEX 7相机而言，在拍摄状态下，按下MODE图标所对应的控制轮中央按钮，进入照相模式选择界面，然后转动控制轮或按▲或▼方向键选择手动照相模式。在M模式下，可通过转动控制转盘L来设置快门速度；转动控制转盘R来设置光圈值

操作步骤：对于SONY α6000相机而言将模式旋钮旋转至M，即可选择全手动照相模式。在全手动照相模式下，转动控制拨轮可以选择不同的快门速度值，转动控制转盘可以选择不同的光圈值

画面变暗 ◀━━━ 0 ━━━▶ 画面变亮

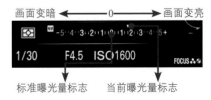

标准曝光量标志　　　当前曝光量标志

▲ 在改变光圈或快门速度时，当前曝光量标志会左右移动，当其位于标准曝光量标志的位置时，就能获得相对准确的曝光

使用经验：在改变光圈或快门速度时，曝光量标志会左右移动，当曝光量标志位于正常曝光量标志的位置时，能获得相对准确的曝光。

当前曝光量标志靠近标有"–"号的右侧时，表明如果使用当前曝光组合拍摄，照片会偏暗（曝光不足）；反之，当前曝光量标志靠近标有"+"号的左侧时，表明如果使用当前曝光组合拍摄，照片会偏亮（曝光过度）。在拍摄时要通过调整光圈、快门速度及感光度等曝光要素，使曝光量标志正好位于正常曝光量标志处（希望照片曝光过度或曝光不足的类型除外）。

B门曝光模式

使用B门模式拍摄时，持续地完全按下快门按钮时快门将保持打开，直到松开快门按钮时快门被关闭，即完成整个曝光过程，因此曝光时间取决于快门按钮被按下与被释放的过程。B门模式特别适合拍摄光绘、天体、焰火等需要长时间曝光并手动控制曝光时间的题材。为了避免画面模糊，使用B门模式拍摄时，应该使用三脚架及遥控快门线。

SONY NEX系列的所有微单相机，都只支持最低至30s的快门速度，也就是说，如果曝光时间比30s更长，只能利用B门模式手工控制曝光时间。

操作步骤：在M模式下，SONY NEX 7转动控制转盘L直到快门速度显示为BULB，即可切换至B门模式

操作步骤：在M模式下，SONY α6000相机是向左转动控制拨轮直至快门速度显示为BULB，即可切换至B门模式

焦　　距 ▶ 17mm
光　　圈 ▶ F20
快门速度 ▶ 15s
感 光 度 ▶ ISO100

◀ 使用B门模式自定义曝光时间，以15s的时间拍摄得到长长的车灯轨迹效果

长时曝光降噪

功能简介：使用任何一款数码相机拍摄时，曝光时间越长，则产生的噪点就越多，SONY NEX微单相机在这一方面也不例外。此时可以启用"长时曝光降噪"功能来削减画面中产生的噪点。

选项释义：

■**开**：选择此选项，相机在完成曝光后，会立即对照片进行降噪处理，在处理期间无法拍摄其他照片。

■**关**：选择此选项，在任何情况下都不执行"长时曝光降噪"功能。

使用经验：开启此功能后，相机将对曝光时间超过1s所拍摄的照片进行减少噪点处理。处理所需时间长度约等于当前快门速度。

操作提示：在SONY α6000相机中，此功能在"拍摄设置菜单5"中。

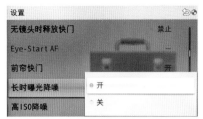

操作步骤：选择设置菜单中的**长时曝光降噪**选项，按▲或▼方向键可选择**开**或**关**选项

▲ 在拍摄动的云时，为了获得更充足的曝光，常使用到长时间曝光，但随之而来的噪点会影响画面质量，因此开启"长时曝光降噪"尤为重要

焦　距 ▶ 17mm
光　圈 ▶ F16
快门速度 ▶ 50s
感光度 ▶ ISO100

快门速度

快门速度的基本概念

快门是相机中用于控制曝光时间的组件，这个曝光时间即我们所说的快门速度。

快门速度以秒为单位，通常写作s，常见的快门速度有30s、15s、8s、4s、2s、1s、1/2s、1/4s、1/8s、1/15s、1/30s、1/60s、1/125s、1/250s、1/500s、1/1000s、1/2000s及1/4000s等。

快门速度与画面亮度

在其他条件不变的情况下，快门速度提高一挡，则曝光时间减少一半，因此画面中的曝光降低一挡，即画面变得更暗；反之，快门速度降低一挡，则曝光时间增加一倍，因此画面的曝光增加一挡，即画面变得更亮。

操作步骤：在拍摄状态下，按MODE图标所对应的控制轮中央按钮，进入照相模式选择界面，然后转动控制轮或按▲或▼方向键选择快门优先或全手动模式。在快门优先和全手动模式下，可以转动控制转盘L选择不同的快门速度值

如前面所述，快门速度的快慢决定了曝光量的多少，在其他条件不变的情况下，每一倍的快门速度变化，即代表了一倍曝光量的变化。例如，当快门速度由1/60s变为1/30s时，由于快门速度慢了一倍，曝光时间增加了一倍，因此总的曝光量也随之增加了一倍。从左侧展示的一组照片中可以发现，在光圈与ISO感光度数值不变的情况下，快门速度越慢、曝光时间越长，则画面感光越充分，画面就越亮。

▲ 焦距：100mm 光圈：F4.5 快门速度：1/5s 感光度：ISO100

▲ 焦距：100mm 光圈：F4.5 快门速度：1/4s 感光度：ISO100

▲ 焦距：100mm 光圈：F4.5 快门速度：1/3s 感光度：ISO100

▲ 焦距：100mm 光圈：F4.5 快门速度：1/2.5s 感光度：ISO100

▲ 焦距：100mm 光圈：F4.5 快门速度：1/2s 感光度：ISO100

▲ 焦距：100mm 光圈：F4.5 快门速度：1s 感光度：ISO100

快门速度与画面动感

拍摄动感的对象时，不同的快门速度会呈现出完全不同的画面效果。通常，快门时间越长，被摄对象在画面中留下的轨迹也越长，会营造出一种动感效果；而快门速度越短，则可将运动中的被摄对象瞬间定格在画面中，得到清晰的画面效果。

▲ 焦距：100mm 光圈：F6.3 快门速度：1/500s 感光度：ISO100

▲ 焦距：100mm 光圈：F7.1 快门速度：1/320s 感光度：ISO100

▲ 焦距：100mm 光圈：F9 快门速度：1/200s 感光度：ISO100

▲ 焦距：100mm 光圈：F11 快门速度：1/125s 感光度：ISO100

▲ 焦距：100mm 光圈：F14 快门速度：1/80s 感光度：ISO100

▲ 焦距：100mm 光圈：F20 快门速度：1/50s 感光度：ISO100

▲ 焦距：100mm 光圈：F25 快门速度：1/30s 感光度：ISO100

▲ 焦距：100mm 光圈：F32 快门速度：1/25s 感光度：ISO100

▲ 焦距：100mm 光圈：F32 快门速度：1/20s 感光度：ISO100

通过这一组照片可看出，随着快门速度逐渐升高，喷泉的水柱线也越来越长，喷水虚化的效果越来越明显。

知识链接：认识安全快门

所谓的安全快门，是指在手持拍摄时能保证画面清晰的最低快门速度，其数值等同于当前所用焦距的倒数。例如当前焦距为200mm，拍摄时的快门速度应不低于1/200s。

当然，安全快门的计算只是一个参考值，它与个人的臂力、天气环境、是否有倚靠物等因素都有关系，因此可以根据实际情况进行适当的增减。

光圈

光圈的基本概念

在曝光参数中，我们所说的光圈即指光圈值，用于控制在单位时间（快门速度）内的通光量。

常见的光圈值有F1.4、F2、F2.8、F4、F5.6、F8、F11、F16、F22、F32、F36等，相邻光圈间的通光量相差一倍，光圈值的变化是1.4倍，每递进一挡光圈，光圈口径就不断缩小，通光量也逐挡减半。比如F2光圈下的进光量是F2.8的一倍，但在数值上，后者是前者的1.4倍，这也是光圈的变化规律。

光圈与画面亮度

如前所述，在其他参数不变的情况下，光圈增大一挡，则曝光量提高一倍，例如光圈从F4 增大至F2.8，即可增加一倍的曝光量；反之，光圈减小一挡，则曝光量也随之降低一半。换言之，光圈开启越大，通光量越多，所拍摄出来的照片也越明亮；光圈开启越小，通光量越少，所拍摄出来的照片也越暗淡。

下面是一组在焦距为100mm、快门速度为1/25s、感光度为ISO100 的特定参数下，只改变光圈值拍摄的照片。

操作步骤：在拍摄状态下，按MODE图标所对应的控制轮中央按钮，进入照相模式选择界面，然后转动控制轮或按▲或▼方向键选择光圈优先模式或全手动模式。在光圈优先模式或全手动模式下，可以使用控制转盘L选择不同的光圈值

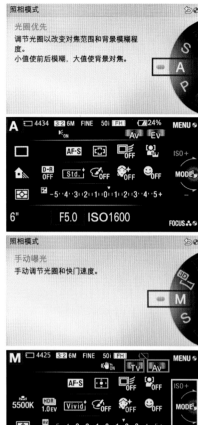

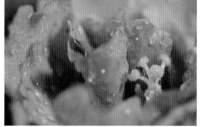

▲ 焦距：100mm 光圈：F5 快门速度：1/80s 感光度：ISO640

▲ 焦距：100mm 光圈：F4.5 快门速度：1/80s 感光度：ISO640

▲ 焦距：100mm 光圈：F4 快门速度：1/80s 感光度：ISO640

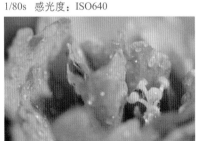

▲ 焦距：100mm 光圈：F3.5 快门速度：1/80s 感光度：ISO640

▲ 焦距：100mm 光圈：F3.2 快门速度：1/80s 感光度：ISO640

▲ 焦距：100mm 光圈：F2.8 快门速度：1/80s 感光度：ISO640

从这一组照片中可以看出，在相同的曝光时间内，当光圈逐渐变大时，画面逐渐变亮。

光圈与画面景深

　　光圈是控制景深（背景虚化程度）的重要因素。即在其他条件不变的情况下，光圈越大景深越小，反之光圈越小景深越大。在拍摄时想通过控制景深来使自己的作品更有艺术效果，就要合理使用大光圈和小光圈。

　　通过调整光圈数值的大小，即可拍摄不同的对象或表现不同的主题。例如，大光圈主要用于人像摄影、微距摄影，通过模糊背景来有效地突出主体；小光圈主要用于风景摄影、建筑摄影、纪实摄影等，大景深让画面中的所有景物都能清晰展现。

　　下面是一组在焦距为100mm、感光度为ISO100的特定参数下，改变光圈值与快门速度拍摄的照片。

▲ 焦距：100mm　光圈：F14　快门速度：1/4s 感光度：ISO100

▲ 焦距：100mm　光圈：F11　快门速度：1/6s 感光度：ISO100

▲ 焦距：100mm　光圈：F9　快门速度：1/8s 感光度：ISO100

▲ 焦距：100mm　光圈：F7.1　快门速度：1/10s 感光度：ISO100

▲ 焦距：100mm　光圈：F5　快门速度：1/13s 感光度：ISO100

▲ 焦距：100mm　光圈：F4　快门速度：1/15s 感光度：ISO100

　　从这一组照片中可以看出，当光圈从F14逐渐增大到F4时，画面的景深逐渐变小，使用的光圈越大，所拍出的画面中背景位置的橙色太阳花就越模糊。

快门速度与光圈的关系

　　快门速度与光圈之间的关系就好比自来水管的水龙头，光圈就好比水龙头的大小，快门速度就好比开放水龙头的时间。水龙头的口径越大，在同等的时间内水流量就会越多。同理可证，光圈越小，进光量就会越少，快门速度也就越慢。

　　当光圈过大，导致快门速度超出了相机的极限时，如果仍然希望保持该光圈，可以尝试降低ISO参数，或使用中灰滤镜降低光线的进入量，保证曝光准确。反之，如果光圈过小，或环境光线太弱，在此模式下，快门速度最低为30s，当到达该曝光时间时，将自动停止继续曝光。

快门速度	1/1000	1/500	1/250	1/125	1/60
光圈值	F2.8	F4.0	F5.6	F8.0	F11

感光度

感光度基本概念

数码相机的感光度概念是从传统胶片感光度引入的，用于表示感光元件对光线的感光敏锐程度，即在相同条件下，感光度越高，获得光线的数量也就越多。但要注意的是，感光度越高，产生的噪点就越多，而低感光度画面则清晰、细腻，细节表现较好。

SONY NEX 7微单相机在感光度的控制方面还算优秀。其常用感光度范围为ISO100~ISO16000，在光线充足的情况下，一般使用ISO100的设置即可。

SONY α6000和NEX 5系列相机的感光度范围较大，大部分型号的相机均在ISO100~ISO25600之间（SONY NEX 5C为ISO100~ISO12800）。

感光度与画面亮度

作为控制曝光的三大要素之一，在其他条件不变的情况下，感光度每增加一挡，感光元件对光线的敏锐度会随之增加一倍，即曝光量增加一倍；反之，感光度每减少一挡，曝光量则减少一半。

更直观地说，感光度的变化直接影响光圈或快门速度的设置，以F2.8、1/200s、ISO400的曝光组合为例，在保证被摄体正确曝光的条件下，如果要改变快门速度并使光圈数值保持不变，可以通过提高或降低感光度来实现，快门速度提高一倍（变为1/400s），则可以将感光度提高一倍（变为ISO800）；如果要改变光圈值而保证快门速度不变，同样可以通过设置感光度数值来完成，

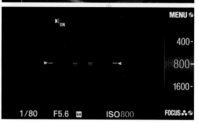

操作步骤：在P、A、S、M模式下，对于SONY NEX 7而言，可以直接转动控制轮选择感光度数值；对于SONY α6000和NEX 5相机而言，需要按控制拨轮的右键（ISO）按钮，再转动控制拨轮来选择感光度数值

例如要增加2挡光圈（变为F1.4），则可以将ISO感光度数值降低2倍（变为ISO100）。

左侧展示的一组照片是在光圈与快门速度都不变的情况下，采用不同ISO感光度数值拍摄的照片，从图中可以看出，随着ISO感光度数值的增加，感光元件的感光敏锐度也不断提高，使画面越来越亮。

▲ 焦距：100mm 光圈：F16 快门速度：5s 感光度：ISO640

▲ 焦距：100mm 光圈：F16 快门速度：5s 感光度：ISO800

▲ 焦距：100mm 光圈：F16 快门速度：5s 感光度：ISO1250

▲ 焦距：100mm 光圈：F16 快门速度：5s 感光度：ISO2000

感光度与噪点

感光度的变化除了会对曝光产生影响外，对画质也有着极大的影响，即感光度越低，画面就越细腻；反之，感光度越高，就越容易产生噪点、杂色，画质就越差。

在条件允许的情况下，建议采用SONY NEX微单相机基础感光度中的最低值，即ISO100，这样可以在最大程度上保证得到较高的画质。

使用经验：使用相同的ISO感光度分别在光线充足与不足的环境中拍摄时，在光线不足环境中拍摄的照片会产生较多的噪点，如果此时再采用较长的曝光时间，那么就更容易产生噪点。因此，在弱光环境拍摄时，更需要设置低感光度，并配合"高ISO降噪"功能来获得较高的画质。

但低感光度的设置可能会导致快门速度很低，在手持拍摄时很容易由于手的抖动而导致画面模糊。此时，如果拍摄时没有或无法使用三脚架，应该果断地提高感光度，即优先保证能够成功完成拍摄，然后再考虑高感光度给画质带来的损失。因为画质损失在一定程度上可通过后期处理来弥补，而画面模糊则意味着拍摄失败，几乎无法补救。

▲ 焦距：100mm 光圈：F3.5 快门速度：1/5s 感光度：ISO200

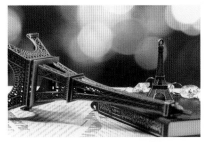
▲ 焦距：100mm 光圈：F3.5 快门速度：1/10s 感光度：ISO400

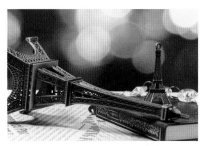
▲ 焦距：100mm 光圈：F3.5 快门速度：1/20s 感光度：ISO800

▲ 焦距：100mm 光圈：F3.5 快门速度：1/40s 感光度：ISO1600

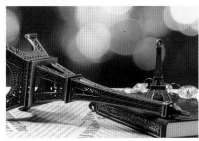
▲ 焦距：100mm 光圈：F3.5 快门速度：1/80s 感光度：ISO3200

▲ 焦距：100mm 光圈：F3.5 快门速度：1/160s 感光度：ISO6400

▲ 焦距：100mm 光圈：F3.5 快门速度：1/320s 感光度：ISO12800

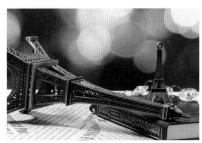
▲ 焦距：100mm 光圈：F3.5 快门速度：1/640s 感光度：ISO25600

▲ 焦距：100mm 光圈：F3.5 快门速度：1/1250s 感光度：ISO1200

由上面一组画面可看出，随着感光度的增加，画面的噪点也越来越明显，画质明显下降。

通过拍摄技法解决高感拍摄时噪点多的问题

鉴于感光度越高，画面噪点也越多的问题，在实际拍摄过程中，可以参考以下一些建议：

（1）在光线允许的情况下，尽量使用低感光度，可以保证更高的画质和细节表现。

（2）在光线不够充足的情况下，如果能够使用三脚架或通过倚靠等方式，使相机保持稳定，那么也应该尽可能地使用低感光度——因为即使是设置相同的ISO感光度数值，弱光环境下也会产生更多的噪点。

（3）在暗光下手持拍摄，应优先考虑使成像清晰，其次考虑高感光度给画质带来的损失。因为画质损失可采取后期方式来弥补，而画面模糊无法补救。

使用经验：使用高ISO感光度而产生大量噪点时，可以通过启用高ISO降噪功能，以消除画面中的部分噪点。

▲ 通过长时间曝光拍摄夜景，为了保证画面质量，使用了ISO100的感光度设置

焦　　距 ▶ 18mm
光　　圈 ▶ F14
快门速度 ▶ 5s
感 光 度 ▶ ISO100

焦　　距 ▶ 35mm
光　　圈 ▶ F16
快门速度 ▶ 1/60s
感 光 度 ▶ ISO1000

▶ 此图是使用35mm镜头手持拍摄，并选择1/60s作为安全快门，为了达到这个数值，专门将感光度提高至ISO1000，虽然画面会显现出一些噪点，但总要比拍虚了要好

利用"高ISO降噪"功能去除噪点

功能简介：SONY NEX微单相机在高ISO感光度噪点控制方面较为出色。但在使用高感光度拍摄时，画面中仍然会出现噪点，此时可以通过使用"高ISO降噪"功能对噪点进行消减。

选项释义

■ **强**：选择此选项，则降噪幅度较大，适用于弱光拍摄的情况。

■ **标准**：选择此选项，执行标准降噪幅度，照片的画质会略受影响，适用于采用JPEG格式保存照片的情况。

■ **低**：选择此选项，则降噪幅度较小，适用于直接采用JPEG格式保存照片且对照片不做调整的情况。

使用经验：当将"高ISO降噪"设置为"强"时，会使相机连拍的数量大大减少。

操作提示：在SONY α 6000相机中，此功能在"拍摄设置菜单5"。

操作步骤：选择设置菜单中的**高ISO降噪**选项，按▲或▼方向键可选择不同的降噪标准

◀ 左图是启用高ISO降噪的局部图，右图是关闭高ISO降噪的局部图，可以看出启用"高ISO降噪功能"后，噪点明显减少

焦　　距 ▶ 24mm
光　　圈 ▶ F18
快门速度 ▶ 1/100s
感 光 度 ▶ ISO3200

曝光补偿

曝光补偿的基本概念

所有数码单反相机的曝光参数都来自于自动测光与手动设置曝光参数，而绝大多数摄影爱好者使用的都是相机的自动测光功能，并由此得到一组曝光参数。

但无论使用哪一种自动测光模式进行测光，相机都依赖于内置的固定的自动测光算法，因此当拍摄较亮或较暗的题材时，自动测光系统并不能够给出准确的曝光参数组合，此时就需要摄影师使用曝光补偿功能对此曝光参数组合进行校正，使拍摄得到的照片有更准确的曝光效果。

在实际操作中，曝光补偿以"±n EV"的方式来表示。"+1EV"是指增加1挡曝光（补偿）；"-1EV"是指减少1挡曝光（补偿），以此类推。SONY NEX 7的曝光补偿范围为-5.0EV~+5.0EV（SONY NEX 5的曝光补偿范围为-3.0EV~+3.0EV），并以1/3级为单位进行调节。

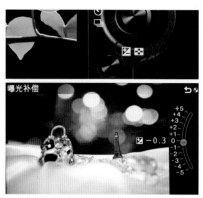

操作步骤：SONY NEX 7相机在拍摄状态下，按曝光补偿按钮⚡，然后转动控制轮或按▲或▼方向键选择所需的曝光补偿值。SONY α6000相机是按曝光补偿按钮⚡，然后转动控制拨轮或按◄或►方向键选择所需的曝光补偿值

曝光补偿对画面亮度的影响

曝光补偿可以在当前相机测定的曝光数值基础上，做增加亮度或减少亮度的补偿性操作。例如，为了拍摄浓郁、纯粹的剪影，常常就需要降低一挡曝光补偿；而要拍摄出雪白的纱巾，则需要提高一挡曝光补偿。

曝光补偿的实现原理

曝光补偿的本质是改变光圈与快门参数，例如在光圈优先模式下，每增加一挡曝光补偿，快门速度即降低一倍，从而获得增加一挡曝光的结果；反之，每降低一挡曝光补偿，则快门速度提高一倍，从而获得减少一挡曝光的结果。

▲ 光圈：F3.2 快门速度：1/13s 感光度：ISO100 曝光补偿：-0.7EV

▲ 光圈：F3.2 快门速度：1/8s 感光度：ISO100 曝光补偿：-0.3EV

▲ 光圈：F3.2 快门速度：1/4s 感光度：ISO100 曝光补偿：+0.3EV

上面展示的一组照片是增加和减少曝光补偿后拍摄的效果，从中可以看出，随着曝光补偿的增加，画面逐渐变亮。

判断曝光补偿方向

判断曝光补偿方向最简单的方法就是依据"白加黑减"这个口诀。其中"白加"中的"白"是泛指一切颜色看上去比较亮、比较浅的景物，如雪、雾、白云、浅色的墙体、亮黄色的衣服等；同理，"黑减"中提到的"黑"是泛指一切颜色看上去比较暗、比较深的景物，如夜景、深蓝色的衣服、阴暗的树林、黑胡桃色的木器等。

拍摄雪景时增加曝光补偿

很多摄影初学者在拍摄雪景时，往往会把雪拍摄成灰色。

解决这个问题的方法是，在拍摄时使用曝光补偿功能。在调整曝光补偿时，应当遵循"白加黑减"的原则，视白雪的面积大小增加1挡或2挡曝光补偿。这是由于雪对光线的反射十分强烈，使相机的测光结果出现较大的偏差。因此，如果能在拍摄前增加1挡曝光补偿，对相机经过自动测光得到的曝光参数进行修正，就可以拍摄出色彩洁白的雪景。

焦　　距 ▶ 20mm
光　　圈 ▶ F8
快门速度 ▶ 1/160s
感 光 度 ▶ ISO100

▶ 在拍摄时增加 1 挡曝光补偿，使雪的颜色显得很白

拍摄暗调场景时降低曝光补偿

在拍摄主体位于暗色背景前时，测光结果容易让暗色变成灰色，为了得到纯黑的背景以更好地突出表现主体，可以适当降低曝光量，以此来得到想要的效果。

焦　　距 ▶ 200mm
光　　圈 ▶ F5.6
快门速度 ▶ 1/320s
感 光 度 ▶ ISO400

▶ 在拍摄时减少了 0.3 挡曝光补偿，从而获得了较暗的背景，使黄色的枫叶在画面中显得特别鲜亮

测光模式

要想准确曝光，前提是必须做到准确测光，SONY NEX微单相机提供了三种测光模式，这三种测光模式的区别仅在于测光面积的大小，因此在学习下面将要讲解到的三种测光模式时，要从这一角度去理解与运用。

操作步骤：在**亮度/色彩**菜单中选择**测光模式**选项，按▲或▼方向键选择所需要的测光模式

多重测光模式 ⊞

多重测光是最常用的测光模式，使用此测光模式拍摄时，相机会将画面分为多个区域，并针对各个区域进行测光，然后将得到的测光数据进行加权平均，以得到适用于整个画面的曝光参数。

使用经验：这种测光模式适用于拍摄画面亮度均匀且无明暗反差的场景，如风光、建筑题材。

操作提示：在SONY α6000相机中，此功能在"拍摄设置菜单4"。

▲ 画面中的光线较为均匀，使用多重测光模式能获得准确的测光结果

焦　　距 ▶ 17mm
光　　圈 ▶ F8
快门速度 ▶ 1/500s
感 光 度 ▶ ISO200

中心测光模式 ⊙

　　使用中心测光模式时，测光会偏向画面的中央部位，但也会同时兼顾其他部分的亮度。例如，当SONY NEX微单相机在测光后认为，画面中央位置的对象正确曝光组合是F8、1/320s，而其他区域的正确曝光组合是F4、1/200s时，由于中央位置对象的测光权重较大，相机最终确定的曝光组合可能会是F5.6、1/320s，以优先照顾中央位置对象的曝光。

　　由于测光时能够兼顾其他区域的亮度，因此该模式既能实现画面中央区域的精准曝光，又能保留部分背景的细节。

　　使用经验：这种测光模式适合拍摄主体位于画面中央位置的题材，如人像、建筑物以及其他位于画面中央的对象。

使用中心测光模式，可以以画面靠中间的黄色花卉和蜜蜂作为测光的重点，从而拍摄到曝光较正常的照片

焦　　距：50mm
光　　圈：F3.5
快门速度：1/2000s
感 光 度：ISO200

点测光模式 ▣

点测光是一种高级测光模式，相机只对画面中央区域的很小部分进行测光，具有较高的准确性。

由于点测光是依据很小的测光点来计算曝光量的，因此测光点位置的选择将会在很大程度上影响画面的曝光效果，尤其是逆光拍摄或画面的明暗反差较大时。

使用经验：如果是对准亮部测光，则可得到亮部曝光合适、暗部细节有所损失的画面；如果是对准暗部测光，则可得到暗部曝光合适、亮部细节有所损失的画面。所以，拍摄时可根据自己的拍摄意图来选择不同的测光点，以得到曝光合适的画面。

如果希望得到光比较大的画面，或拍摄出剪影照片，或拍摄出人像面部明暗准确的照片，均可以优先考虑使用这种测光模式。在拍摄微距时，也可以采用点测光对昆虫或花蕊等较主体的部分进行测光，从而正确地曝光被拍摄对象的细微局部。

另外，由于点测光模式的测光区域极小，因此必须要谨慎确认哪一个区域是测光区域，如果选择的测光位置有误，则拍摄出来的照片不是曝光过度就是曝光不足。

▲ 要拍摄到这种明亮的白太阳效果，可以在太阳边缘的位置进行点测光，然后锁定曝光后再重新进行拍摄

焦　　距 ▷ 24mm
光　　圈 ▷ F5.6
快门速度 ▷ 1/80s
感 光 度 ▷ ISO200

利用柱状图判断曝光是否正确

　　功能要点：柱状图就是常说的直方图，是表示相机曝光所捕获的色彩或影调的图示，可用来判断曝光是否正确。需要依靠柱状图来判断曝光是否正确的原因在于，相机的监视器并不能够准确地反映出照片的曝光情况，尤其当拍摄环境的光线较亮或较暗时。

　　使用经验：在强光下或弱光下拍摄时，如果曝光不准确，很容易形成曝光过度或曝光不足，在监视器中很难分辨出来，等到在计算机上发现时，已经错失拍摄机会，此时使用柱状图判断最合适不过了。

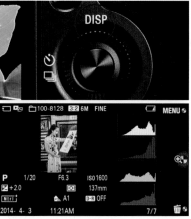

操作步骤：在播放照片状态下，按控制轮的DISP按钮可以切换到显示柱状图界面

焦　　距 ▶ 50mm
光　　圈 ▶ F3.2
快门速度 ▶ 1/250s
感 光 度 ▶ ISO100

◀ 养成观察柱状图的习惯有利于及时了解照片的曝光是否合适，柱状图不会因为屏幕亮度的变化而影响照片的亮度信息，从而使照片的曝光控制更准确

曝光不足的照片效果图

▲ 曝光不足时柱状图左侧溢出，代表暗部
细节缺失

曝光正常的照片效果图

▲ 曝光正常时柱状图处于中间，呈高低不
平的山峰状，代表细节非常丰富

曝光过度的照片效果图

▲ 曝光过度时柱状图右侧溢出，代表亮部
细节缺失

高调照片效果

▲ 高调照片在画面中呈现大面积的亮调，但在
柱状图中查看时，右侧却没有溢出，只是柱状
图重心偏右并隆起，说明画面曝光没有过度，
亮部仍有较多细节

焦　　距 ▷ 100mm
光　　圈 ▷ F9
快门速度 ▷ 1/400s
感 光 度 ▷ ISO200

低调照片效果

▲ 低调照片在画面中呈现大面积的暗调，但在
柱状图中查看时，左侧并没有溢出，只是柱状
图重心偏左并隆起，说明画面曝光没有不足，
暗部仍有较多细节

焦　　距 ▷ 26mm
光　　圈 ▷ F9
快门速度 ▷ 1/2500s
感 光 度 ▷ ISO200

第5章

对焦与拍摄模式

使用"AF/MF选择"选择对焦模式

功能简介：如果说了解测光可以帮助我们正确还原影调与色彩的话，那么选择正确的对焦模式，则可以帮助我们获得清晰的照片，而这恰恰是拍出好照片的关键环节之一，因此，了解各种自动对焦模式的特点及适用场合是非常重要的。

操作步骤：在**相机**菜单中选择**AF/MF选择**选项，按▲或▼方向键选择所需选项

功能要点：要选择对焦模式，可以使用"AF/MF选择"菜单。此菜单包含"自动对焦"、"DMF直接手动对焦"以及"MF手动对焦"3个选项。

自动对焦较为简单，只需半按快门按钮，即可进行自动对焦，适用于大多数题材。但在拍摄时还需要根据拍摄对象，选择自动对焦模式及自动对焦区域模式。

"DMF直接手动对焦"以及"MF手动对焦"均为手动对焦模式，当使用自动对焦模式无法准确对焦时，可以尝试使用这两种对焦模式中的一种。

拍摄静止对象应该选择的对焦模式（AF-S）

单次自动对焦在合焦（半按快门时对焦成功）之后即停止自动对焦，此时可以保持半按快门的状态重新调整构图。此自动对焦模式常用于拍摄静止的对象。

操作步骤：在**相机**菜单中选择**自动对焦模式**选项，按▲或▼方向键选择所需的对焦模式

这种对焦模式是风光摄影中最常用的对焦模式之一，特别适合于拍摄静止的对象，例如山峦、树木、湖泊、建筑等。当然，在拍摄人像、动物时，如果被摄对象处于静止状态，也可以使用这种对焦模式。

操作提示：在SONY α6000相机中，自动对焦模式和手动对焦模式的对焦方式均在"拍摄设置菜单2"中的"对焦模式"选项中设置。

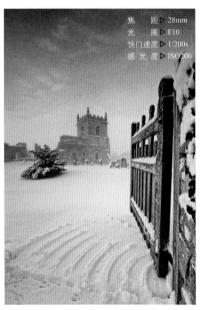

焦　　距▷28mm
光　　圈▷F10
快门速度▷1/200s
感 光 度▷ISO200

▲ 单次对焦模式在风光这种几乎完全静止的题材中，非常实用

焦　　距▷85mm
光　　圈▷F2.8
快门速度▷1/1000s
感 光 度▷ISO200

▲ 在拍摄人像时，可以对人物的头部或眼睛进行对焦

拍摄运动对象应该选择的对焦模式（AF-C）

选择此对焦模式后，当摄影师半按快门合焦后，保持快门的半按状态，相机会在对焦点中自动切换以保持对运动对象的准确合焦状态，如果在这个过程中主体位置或状态发生了较大的变化，相机会自动进行调整。即在此对焦模式下，当摄影师半按快门释放按钮时，如果被摄对象靠近或离开了相机，则相机将自动启用预测对焦跟踪系统。所以这种对焦模式较适合拍摄运动中的鸟、昆虫、人等对象。

▶ 在室内拍摄玩耍中的猫咪，不仅需要使用连拍模式，还需要使用连续自动对焦模式，以使抓拍到的镜头都能够清晰

拍摄动静不定的对象应该选择的对焦模式（AF-A）

SONY α6000相机还提供了AF-A自动对焦模式，此模式适用于无法确定拍摄对象是静止还是运动状态的情况，此时相机会自动根据拍摄对象是否运动来选择单次自动对焦还是连续自动对焦。

例如，在动物摄影中，如果所拍摄的动物暂时处于静止状态，但有突然运动的可能性，此时应该使用此对焦模式，以保证能够将拍摄对象清晰地捕捉下来。在人像摄影中，如果模特不是处于摆拍的状态，随时有可能从静止变为运动状态，也可以使用这种对焦模式。

在拍摄活泼好动的孩子时，也可使用这种自动对焦模式。在拍摄时先将焦点对准在孩子的脸上，之后只需要半按快门按钮，就可以进行连续对焦，保持焦点始终处于清晰的状态。

▲ 摄影师采用了 AF-A 自动对焦模式进行拍摄，因此获得了清晰、生动的画面，将孩子最调皮可爱的瞬间记录下来

拍摄移动对象时使用"对象跟踪"功能

　　功能简介：在拍摄可能移动的对象时，通常要使用"对象跟踪"功能。当此功能处于开启状态时，液晶显示屏中将出现一个对焦框，摄影师需要将被摄对象置于目标对焦框内，然后按下控制轮中央按钮，即可锁定对焦框中的被摄对象。此时，如果被摄对象突然移动，对焦点会持续跟踪对焦被摄对象。此功能适用于拍摄随时可能移动的动态主体（如宠物、儿童、运动员等）。

　　使用经验：此功能在手动对焦模式下不能被激活。

　　在拍摄过程中，如果想更换或重新锁定被摄对象，可按软键B（对应画面右下角◻◢按钮），即可重新开始设定跟踪对象。

　　在拍摄时，建议设置高速连拍功能，并关闭降噪功能，以免影响拍摄。此外，在拍摄过程中，相机需要跟随被摄对象一直移动，以保证目标对焦框一直能成功对焦，否则相机会停止追踪对焦。

　　操作提示：在SONY α6000相机中，此功能为"拍摄设置菜单5"中的"锁定AF"选项。

操作步骤：在**相机**菜单中选择**对象跟踪**选项，按▲或▼方向键选择**开**或**关**选项，出现"在●中跟踪距离画面中央最近的被摄对象"对话框。半按快门对主体进行对焦，按控制轮中央按钮（OK）即可锁定目标框中的主体，当目标（被摄对象）移动时，目标框会跟随被摄对象移动，一直保持对焦状态

利用哔音提示对焦成功

　　功能要点：在拍摄比较细小的物体时，是否正确合焦不容易从屏幕上分辨出来，而且在拍摄运动物体等需要抓拍的题材时，拍摄者的注意力需要一直集中到被摄对象上，慢慢查看确认对焦会错失拍摄机会。

　　这时可以开启"哔音"功能，以便在确认相机合焦时迅速按下快门，从而得到清晰的画面。除此之外，提示音在自拍时会用于自拍倒计时提示。

　　选项释义

　　■**开**：选择此选项，按控制轮或软键时打开音频信号。

　　■**关**：选择此选项，则关闭音频信号。

操作步骤：在**设置**菜单中选择**哔音**选项，按▲或▼方向键选择**开**或**关**选项

　　使用经验：在拍摄舞台剧、戏剧等需要安静、严肃的场合时，建议将音量关闭，以免打扰观众或演员；而在进行微距摄影或于弱光环境下拍摄时，开启音量可以辅助确认相机是否成功对焦；在拍摄合影、自拍时，开启哔音可以使被摄者预知相机在何时按下快门，以做好充分准备。

　　操作提示：SONY α6000相机无此功能。

◀ 对焦小景深画面时，开启提示音以便提醒自己是否对焦成功

焦　距 ▷ 100mm
光　圈 ▷ F5
快门速度 ▷ 1/100s
感 光 度 ▷ ISO200

选择自动对焦区域模式

　　功能要点：在确定自动对焦模式后，还需要指定自动对焦区域模式，以使相机的自动对焦系统在工作时"明白"应该使用多少个对焦点或什么位置的对焦点进行对焦。

　　功能简介：SONY NEX相机提供了多重▦、中心▣、自由点▦三种自动对焦区域模式（SONY α6000相机提供了广域自动对焦▦、区自动对焦▦、中间自动对焦▣和自由点自动对焦▦4种自动对焦区域模式），摄影师需要选择不同的自动对焦区域模式来满足不同拍摄题材的需求。

　　操作提示：在 SONY α6000 相机中，此功能在"拍摄设置菜单 3"中。

▲ 在光线较为复杂的环境中拍摄时，使用自由点自动对焦区域模式，可以针对模特的面部进行对焦

焦　　距 ▷ 50mm
光　　圈 ▷ F2.8
快门速度 ▷ 1/320s
感 光 度 ▷ ISO100

操作步骤：在相机菜单中选择自动对焦区域选项，按▲或▼方向键选择所需的自动对焦区域模式

操作步骤：SONY NEX 7相机还可以通过三重转盘进行设置，按下导航按钮选择对焦设置界面，然后转动控制转盘L选择自动对焦区域模式。当选择自由点选项时，转动控制转盘R可以左右移动区域；转动控制轮可以上下移动区域，按软键B可以选择中央区域。

操作步骤：SONY α6000相机在拍摄待机显示下，按下Fn按钮显示快速导航，然后按控制拨轮上的▲、▼、◀、▶方向键选择对焦区域选项，转动控制拨轮选择所需对焦区域。当选择自由点选项时，转动控制转盘可选择对焦框的尺寸

多重自动对焦区域

功能要点：选择此对焦区域模式后，在执行对焦操作时，由相机根据自己的智能判断系统决定当前拍摄的场景中哪个区域应该最清晰，从而利用相机的25个可用的对焦点针对这一区域进行对焦。

对焦时如果画面中清晰的部分出现一个或多个绿色的对焦框，表示相机针对此区域已完成对焦。

使用经验：使用此自动对焦区域模式拍摄人像时，要注意开启"人脸检测"功能。

操作提示：在SONY α6000相机中，此模式名称为广域自动对焦区域模式。

焦　　距　17mm
光　　圈　F10
快门速度 ▶ 2s
感 光 度 ▶ ISO100

▲ 多重自动对焦区域模式示意图

◀ 使用广角镜头与小光圈拍摄大场景风光时，选择多重自动对焦区域可以快速对焦

区自动对焦区域

SONY α6000相机提供了区自动对焦区域模式，选择此对焦区域模式，液晶显示屏上将显示一个有9个对焦小方框的对焦区，按控制拨轮上的◀、▶、▲、▼方向键选择区的位置，在拍摄时，相机自动在所选对焦区范围内选择合焦的对焦框。此模式适合拍摄动作幅度不大的题材。

▲ 区自动对焦区域示意图

焦　　距 ▶ 50mm
光　　圈 ▶ F5
快门速度 ▶ 1/320s
感 光 度 ▶ ISO200

◀ 对于拍摄摆姿人像而言，在更换姿势幅度不大的情况下，可以使用区自动对焦区域模式进行拍摄

中心自动对焦区域

　　功能要点：使用此对焦区域模式时，相机始终使用位于屏幕中央区域的自动对焦点进行对焦。拍摄时画面的中央位置会出现一个灰色对焦框，表示对焦点位置，半按快门进行拍摄时，灰色对焦框变成为绿色，表示完成对焦操作。

　　使用经验：此自动对焦区域模式适用于主体位于画面中央的拍摄题材。

　　操作提示：在SONY α6000相机中，此模式名称为中间自动对焦区域模式。

▲ 中心自动对焦区域示意图

焦　　距 ▷ 50mm
光　　圈 ▷ F2.2
快门速度 ▷ 1/4000s
感 光 度 ▷ ISO200

◀ 如果使用中心构图法进行构图，可以使用中心自动对焦区域模式，以使位于画面中央部分的主体优先对焦

自由点自动对焦区域

　　功能要点：选择此对焦区域模式时，相机只使用一个对焦点进行对焦操作，摄影师可以自由确定此对焦点所处位置。拍摄时画面中会出现一个橘黄色的对焦框和分别指向屏幕四边的4个箭头，此时，按控制轮的▲、▼、◀、▶方向键，可以将对焦框移至被摄主体需要对焦的区域。此对焦区域模式适用于拍摄需要精确对焦或对焦主体不在画面中央位置的摄影题材。

　　使用经验：在拍摄过程中，如果需要重新移动对焦框，对焦框处于黑色时，按控制轮的▲、▼、◀、▶方向键是无法直接移动对焦框的，需要按相机右下角的软键B（SONY α6000相机为按控制拨轮中央按钮）重新激活对焦框，当对焦框为橙色时才能移动对焦框的位置。

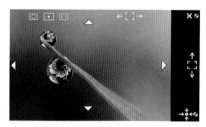

▲ 自由点自动对焦区域示意图

焦　　距 ▷ 100mm
光　　圈 ▷ F6.3
快门速度 ▷ 1/160s
感 光 度 ▷ ISO200

◀ 拍摄水珠倒影时，使用自由点自动对焦区域可自由移动对焦点位置，确保主体清晰

设置AF辅助照明方便弱光下对焦

功能简介：利用"AF辅助照明"菜单可以控制是否开启相机的自动对焦辅助光。在弱光环境下拍摄时，由于对焦很困难，相机的自动对焦系统很难对场景进行对焦，此时，开启AF辅助照明功能，AF辅助照明灯将发出红色的指示光，照亮被摄对象，以辅助相机清晰对焦。

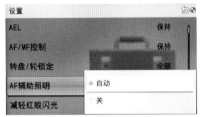

操作步骤：在**设置**菜单中选择**AF辅助照明**选项，按▲或▼方向键选择**自动**或**关**选项

选项释义

■**自动**：选择此选项，当拍摄环境光线较暗时，自动对焦辅助照明灯将发射自动对焦辅助光。

■**关**：选择此选项，自动对焦辅助照明灯将不发射自动对焦辅助光。

使用经验：使用AF-C连续对焦模式拍摄视频，或使用风景、夜景、运动等照相模式拍摄时，"AF辅助照明"功能不可用。此外，当使用AF辅助照明功能时，"自动对焦区域"的设定不可用。

操作提示：在SONY α6000相机中，此功能在"拍摄设置菜单3"中。

▲ 在弱光下拍摄大场景的夜景时，开启AF辅助照明功能，可以有效辅助相机对焦，确保拍到清晰的画面

焦　　距▶18mm
光　　圈▶F11
快门速度▶1/6s
感 光 度▶ISO100

拍摄难于自动对焦的对象

SONY NEX微单相机提供了两种手动对焦模式，一种是"DMF直接手动对焦"，另一种是"MF手动对焦"，虽然同属于手动对焦模式，但这两种对焦模式却有较大区别，下面分别进行讲述。

MF手动对焦

在实际拍摄过程中，相机的自动对焦系统并不会100%成功。例如，拍摄时遇到以下情况，自动对焦系统往往无法正确完成对焦操作，有时甚至无法对焦。

(1) 画面主体处于杂乱的环境中，例如杂草后面的花朵。

(2) 画面属于高对比、低反差的画面，例如日出、日落。

(3) 弱光环境，例如野外夜晚。

(4) 距离太近的题材，例如昆虫、花卉等。

(5) 主体被覆盖，例如动物园笼子中的动物、鸟笼中的鸟等。

(6) 对比度很低的景物，例如纯的蓝天、墙壁。

(7) 距离较近且相似程度又很高的题材，如细密的格子纸。

当遇到相机的自动对焦系统失效时，应该使用相机的手动对焦系统进行对焦。

使用经验：无论是微单相机还是单反相机的镜头都有最近对焦距离的限制，当相机靠近主体拍摄时，如果相机与主体的距离小于镜头的最近对焦距离，就无法完成对焦。

需要注意的是，最近对焦距离是指焦平面距离相机传感器成像平面的距离，并不是物体距离镜头前端的距离。相机传感器成像平面的位置位于相机机身上⊖标记指示处。

▲ 镜头上都会标示出镜头的最近对焦距离，如上图镜头中红圈所示：0.25m/0.82ft，代表其最近对焦距离为0.25m (25cm)

▲ SONY NEX 7 机顶⊖标记

焦　　距 ▶ 100mm
光　　圈 ▶ F6.3
快门速度 ▶ 1/640s
感 光 度 ▶ ISO400

◀ 在弱光下拍摄蜜蜂，由于蜜蜂体形较小，且拍摄环境较为杂乱，因此，选择使用MF手动对焦模式，对蜜蜂进行精确对焦，确保其清晰对焦

DMF直接手动对焦

虽然这种对焦模式被称为"直接手动对焦",但实际上在操作时,先是由相机自动对焦,再由摄影师手动对焦。

拍摄时需要半按快门按钮,由相机自动对焦,保持半按快门状态,转动镜头对焦环,切换成为手动对焦状态,然后微调对焦并拍摄。

使用经验:此对焦模式适用于拍摄距离较近、体型较小或较难对焦的拍摄对象。另外,当需要精准对焦或担心自动对焦不够精准时,亦可采用此对焦模式。

对焦环
变焦环

▲ 不同镜头的对焦环与变焦环位置不一样,在使用时只需尝试一下,即可分清

▲ 想要拍摄蜻蜓神奇的复眼特写,不仅需要使用微距镜头,还需要靠近蜻蜓,但这会导致相机自动对焦不够精准,而且不容易选择对焦点位置,因此,需要使用DMF直接手动对焦模式,对蜻蜓眼睛部分进行精确对焦

焦　　距 ▶ 50mm
光　　圈 ▶ F5
快门速度 ▶ 1/60s
感 光 度 ▶ ISO200

使用MF帮助功能辅助手动对焦

功能要点： "MF帮助"功能的作用是在手动对焦模式下，相机会在取景器或液晶显示屏中放大照片，以辅助摄影师进行对焦操作。

当此功能被设置为"开"时，使用手动对焦功能时，只要转动对焦环调节对焦，取景器或液晶显示屏中显示的照片就会被自动放大至5.9倍（SONY NEX 5放大倍率为4.8倍），如果需要，再次按下软键B可以使放大倍率上升到11.7倍（NEX 5相机最大可到9.6倍）。观看放大显示的照片时，可以使用控制轮的▲、▼、◄或►方向键滚动照片。

按下控制轮中央按钮可显示画面的中央位置；半按快门或按右上方的软键A，可使照片恢复到正常显示比例。

如果使用的是SONY NEX 7 相机，除了使用右侧展示的方法进行操作外，还可以使用三重转盘进行操作。

操作提示： 在SONY α6000相机中，此功能在"自定义设置菜单1"中，当需要使画面放大至11.7倍时，按下控制拨轮中央按钮即可。

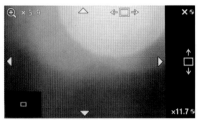

操作步骤： 在**设置**菜单中选择MF**帮助**选项，按下▲或▼方向键选择**开**或**关**选项，选择**开**选项进入拍摄状态，即可使用MF**帮助**功能了，转动镜头上的对焦环，照片自动被放大，按控制轮的▲、▼、◄、►方向键可详细检查对焦点位置的图像是否清晰

▲ 在拍摄美食时，是否清晰对焦关系着美食的诱人程度，因此，使用手动对焦是必要的，而开启MF帮助可以将画面自动放大，使手动对焦更方便，确保能够成功对焦

焦　　距 ▶ 85mm
光　　圈 ▶ F2.2
快门速度 ▶ 1/40s
感 光 度 ▶ ISO200

转动控制转盘R可左右移动放大照片的位置
转动控制转盘L可上下移动放大照片的位置

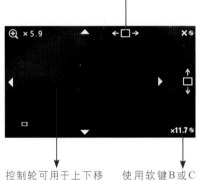

控制轮可用于上下移动放大的位置，按下控制轮的上、下、左、右方向键可以微调放大位置

使用软键B或C可调整放大图像显示的倍数

设置MF辅助时间的长度

功能要点：当开启"MF帮助"功能时，照片被自动放大的显示时间默认只有短短的2秒钟，即照片被放大2秒钟后，便会恢复到正常显示比例。但由于手动对焦是比较细致、花时间的工作，因此多数情况下在2秒钟内无法完成对焦检查工作。

如果希望以更长时间显示放大状态的照片，可以通过"MF辅助时间"菜单进行设置。

使用经验：可以将其设置为"无限制"，使相机处于手动对焦状态，取景器或液晶显示屏中的照片一直处于放大显示状态，以从容检查对焦状态，完成检查工作后，可以直接按下快门按钮进行拍摄，或者释放快门按钮返回正常显示比例状态。

操作提示：SONY α6000相机无此功能。

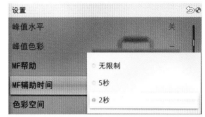

操作步骤：在**设置**菜单中选择MF**辅助时间**选项，按▲或▼方向键选择所需选项

焦　　距 ▷ 180mm
光　　圈 ▷ F5
快门速度 ▷ 1/160s
感 光 度 ▷ ISO400

◀ 在拍逆光植物时，不容易对焦，因此，可以将MF辅助时间的长度设置得较高一些，以保证有充足的时间进行对焦

使用"AF/MF控制"暂时切换自动对焦与手动对焦

功能要点：AF/MF按钮具有暂时切换自动对焦与手动对焦状态的功能，例如，如果当前使用的是自动对焦模式，则按下AF/MF按钮，即可暂时切换为手动对焦；反之，如果当前处于手动对焦状态，则可暂时切换为自动对焦。根据需要可以使用"AF/MF控制"菜单控制AF/MF按钮的工作方式。

当选择"保持"选项时，只有按住AF/MF按钮，才能够暂时切换对焦模式，当释放此按钮后，返回至初始对焦模式。

当选择"切换"选项时，按下并释放AF/MF按钮，即进行对焦模式切换。如果需要返回初始对焦模式，可再次按下此按钮。

使用经验：此功能非常实用，例如使用自动对焦拍摄时，如果突然遇到无法自动对焦，或需要使用手动对焦拍摄的题材，即可通过此功能临时切换为手动对焦模式，以提高拍摄成功率。

操作提示：SONY NEX 5 相机无此功能。SONY α6000相机未提供AF/MF切换杆，但可以通过"自定义键"菜单，将"AF/MF控制保持"或"AF/MF控制切换"选项指定到某一个按钮。这样当按下该按钮时，即可临时切换自动对焦模式和手动对焦模式。

操作步骤：在设置菜单中选择AF/MF控制选项，按▲或▼方向键选择所需选项

操作步骤：SONY NEX 7机身上的AF/MF&AEL切换拨杆

焦　　距 ▷ 50mm
光　　圈 ▷ F5
快门速度 ▷ 1/400s
感 光 度 ▷ ISO200

▲ 在公园拍摄时，由于一会需要拍摄大场景，一会需要拍摄花朵上昆虫的特写，因此可以将"AF/MF控制"功能设置为"切换"，以有更多的时间对花朵和昆虫进行对焦

使用峰值判断对焦状态

认识峰值

功能要点：峰值是一种独特的用于辅助对焦的显示功能，开启此功能后，在使用手动对焦模式拍摄时，如果被摄对象对焦清晰，则其边缘会出现标示色彩（取决于"峰值色彩"的设定）轮廓，以方便拍摄者辨识。

设置峰值强弱水准

功能要点：利用"峰值水平"菜单可以设置峰值显示的强弱程度，此菜单包含"高"、"中"、"低"和"关"4个选项，分别代表不同的强度，等级越高，颜色标示越明显。选择"关"选项时，标示色彩将消失。

操作提示：在SONY α6000相机中，此功能在"自定义设置菜单2"中。

设置峰值色彩

功能要点：利用"峰值色彩"菜单可以设置在开启"峰值水平"功能时，用于在被摄对象边缘标示峰值的色彩，白色是默认设置。

使用经验：在拍摄时，需要根据被摄对象的颜色选择与主体反差较大的色彩，例如拍摄高调对象时，由于大面积为亮色调，所以不适合选择"白"选项，而应该选择与被摄对象的颜色反差较大的红色。

操作提示：在SONY α6000相机中，此功能在"自定义设置菜单2"中。

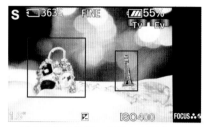

▲ 开启峰值功能后，相机会用指定的颜色将准确合焦的主体边缘轮廓标示出来，右侧红框中为黄色显示的效果

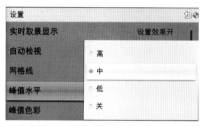

操作步骤：在**设置**菜单中选择**峰值水平**选项，按▲或▼方向键选择所需选项

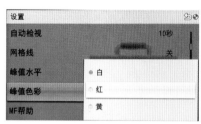

操作步骤：在**设置**菜单中选择**峰值色彩**选项，按▲或▼方向键选择所需色彩选项

焦　　距 ▷ 200mm
光　　圈 ▷ F4
快门速度 ▷ 1/250s
感 光 度 ▷ ISO100

◀ 在逆光下拍摄荷花时，将"峰值色彩"设置为"黄"或"白"更有利于查看清晰合焦的主体边缘轮廓

专为人像摄影设定的对焦功能

人脸检测

　　功能要点：人脸检测功能与智能手机中的面部识别功能类似。开启此功能后，相机会自动检测画面中的人脸，并针对人的面部进行测光、对焦、拍摄。

　　当相机检测到多张人脸时，以靠近画面中央的人脸为优先对焦对象。

　　当按下快门按钮拍摄时，相机将以优先对焦的人脸为主进行对焦、曝光、白平衡等设置。

　　选项释义

　　■开（登记的人脸）：选择此选项，当画面中有进行过人脸登记过的面部时，会被优先对焦。

　　■开：选择此选项，由相机自动选择优先对焦的人脸。

　　■关：选择此选项，则关闭人脸检测功能。

操作步骤：在**相机**菜单中选择**人脸检测**选项，按▲或▼方向键选择所需选项

　　使用经验：值得注意的是，只有在"自动对焦区域"中选择"多重"选项，以及在"测光模式"中选择"多重"选项，才可以使用"人脸检测"功能。在使用扫描全景、3D扫描全景、手动对焦功能时，无法使用人脸检测功能。

　　操作提示：在SONY α6000相机中，此功能为"拍摄设置菜单5"中的"笑脸/人脸检测"选项。

焦　　距▶180mm
光　　圈▶F3.2
快门速度▶1/320s
感 光 度▶ISO400

◀ 在复杂的环境中拍摄时，开启"人脸检测"功能，可快速对人物进行对焦，省去了慢慢对焦的麻烦

笑脸快门

　　功能要点：笑脸快门是一个非常有趣的功能，开启此功能后，当相机检测到画面中人物的笑容时，会自动释放快门按钮进行拍摄。每当"笑脸快门"功能触发快门时，AF辅助照明灯也将闪烁一下，表示正在拍摄照片。

　　根据需要可以设置相机在检查笑脸时的灵敏度，以控制相机在检查到哪一种笑容时自动进行拍摄。

　　相机设定的检查灵敏度共有三种，即大笑、标准笑脸、微笑。

　　选项释义

　　■**大笑**：选择此选项，则灵敏度较低，相机仅检测到人物哈哈大笑时才会自动进行拍摄。

　　■**标准笑脸**：选择此选项，则灵敏度中等，相机检测到人物的嘴巴稍微张开就会自动进行拍摄。

　　■**微笑**：选择此选项，则灵敏度最高，相机只要检测到人物嘴角微微扬起就会自动进行拍摄。

　　操作步骤：在**相机**菜单中选择**笑脸快门**选项，可按▲或▼方向键选择**开**或**关**选项。若选择开选项，按OPTION所在的软键B，然后转动控制轮或按▲或▼方向键可以选择笑脸灵敏度，开启笑脸快门后，画面左侧将出现笑脸检测条，当被摄对象的笑容达到设置标准时，会自动释放快门完成拍摄

　　使用经验：这种功能的灵敏度还取决于被摄对象是否露出牙齿、是否带了太阳眼镜、是否有其他物体干扰等多种因素。

　　使用微笑功能，容易在人物说话或稍有表情时就拍摄，造成相机判断错误，此时可以将灵敏度降低，建议使用标准笑脸。

　　操作提示：在SONY α6000相机中，此功能为"拍摄设置菜单5"中的"笑脸/人脸检测"选项。

焦　　距 ▶ 200mm
光　　圈 ▶ F6.3
快门速度 ▶ 1/160s
感 光 度 ▶ ISO250

◀ 将灵敏度设置为"微笑"，可轻松拍摄出面带微笑的画面

针对不同题材选择不同快门拍摄模式

针对不同的拍摄任务，需要将快门设置为不同的拍摄模式。例如，要抓拍高速运动的物体，为了保证成功率，可以将相机设置为按下一次快门后，能够连续拍摄多张照片。

SONY NEX提供了单张拍摄□、连拍❑、速度优先连拍❑、自拍❍、定时连拍❍C、阶段曝光BRKC、遥控器❿共7种拍摄模式，（SONY α6000提供了单张拍摄□、连拍❑、自拍❍、定时连拍❍C、连续阶段曝光BRKC、单拍阶段曝光BRKS、白平衡阶段曝光BRKWB、DRO阶段曝光BRKDRO 8种拍摄模式）下面分别讲解它们的使用方法。

单张拍摄□

在此模式下，每次按下快门时，只拍摄一张照片。单张拍摄模式适用于拍摄静态对象，如风光、建筑、静物等题材。

操作步骤：SONY NEX 7相机是按下控制轮的拍摄模式按钮❍/❑，然后转动控制轮选择一种拍摄模式。当选择自拍❍、定时连拍❍C、阶段曝光BRKC三个拍摄模式时，可以按下OPTION所在的软键B，然后选择所需选项。对于SONY α6000相机而言，当选择除"单拍"选项以外的其他拍摄模式时，可以按◄或►方向键选择所需的选项

▼ 使用单拍模式可拍摄各种静止的题材

连拍

在连拍模式下，每次按下快门时将连续拍摄多张照片。

连拍模式适用于拍摄运动的对象，当将被摄对象的连续动作全部抓拍下来以后，从中挑选满意的画面。

▶ 海豚跃起只有短短的一秒钟时间，所以拍摄时使用了连拍模式，将海豚跃出水面的一连串瞬间动作记录下来

速度优先连拍

速度优先连拍的拍摄速度比"连拍"更快，可以达到在1秒钟的时间内连续拍摄10张照片。在拍摄运动题材时，尤其是处于高速运动状态的对象时，如果相机的快门速度不够快，即使使用了连拍功能也会导致画面主体模糊。

使用速度优先连拍模式拍摄时，相机会将第一张照片所设置的焦点与曝光值用于后续连拍的照片，这样就可以提高连拍速度。与速度优先连拍模式不同的是，标准速度的连拍模式是每拍一张就重新设置一次焦点与曝光值，因此拍摄速度会稍慢一点。

▲ 孩子们在玩耍，嬉戏时的速度非常快，使用速度优先连拍可以更好地抓拍孩子们在一起玩耍的精彩瞬间，放在一起更有故事情节

自拍 ↺

在自拍↺模式下，可以选择10秒定时和2秒定时两个选项，即在按下快门按钮后，分别于10秒和2秒后进行自动拍摄。当按下快门按钮后，自拍定时指示灯闪烁并且发出提示声音，直到相机自动完成拍摄为止。

使用经验：自拍拍摄模式并非只能用于给自己拍照，也可以拍摄其他题材。例如，在需要使用较低的快门速度拍摄时，可以用三脚架使相机保持稳定，并进行变焦、构图、对焦等操作，然后通过设置自拍拍摄模式的方式，以避免手按快门产生震动，进而拍出满意的照片。

焦　　距 ▶	17mm
光　　圈	F8
快门速度	5s
感 光 度	ISO100

▲ 2秒自拍适用于弱光摄影，这是由于在弱光下即使是使用三脚架保持相机稳定，也会因为手按快门导致相机轻微抖动而影响画面质量，因此非常适合在弱光下拍摄风景

定时连拍 ↺C

在定时连拍模式下，可以选择10秒3张照片或10秒5张照片两个选项，即可以在10秒后连续拍摄3张或5张照片。

此模式可用于拍摄对象运动幅度较小的动态照片，如摄影者自导自演的跳跃、运动等自拍照片，或者拍摄既需要连拍又想要避免手触快门而导致画面模糊的题材。

此外，在拍摄团体照时，使用此模式可以一次性连拍多张照片，从而大大增加了拍摄成功率，避免团体照中出现有人闭眼、扭头等未准备好的现象。

▶ 很多人都喜欢自拍，但使用自拍模式只能拍摄一张照片，使用定时连拍功能，将相机固定在三脚架上，调整好曝光、构图，就可以在10秒钟内摆出多个POSE，尽情展现自己了

焦　　距 ▶	55mm
光　　圈 ▶	F1.8
快门速度 ▶	1/500s
感 光 度 ▶	ISO100

阶段曝光 BRKc

　　无论摄影师使用的是多重测光还是点测光，要实现准确或正确曝光，有时都不能解决问题，其中任何一种测光方法都会给曝光带来一定程度的遗憾。

　　解决上述问题的最佳方案是使用阶段曝光模式，在此拍摄模式下相机会连续拍摄出3张曝光量略有差异的照片，以实现多拍优先的目的。

　　在实际拍摄过程中，摄影师无需调整曝光量，相机将根据设置自动在第一张照片的基础上增加、减少一定的曝光量拍摄出另外两张照片。按此方法拍摄出来的三张照片中，总会有一张是曝光相对准确的照片，因此使用阶段曝光模式能够提高拍摄的成功率。

增加0.3EV曝光补偿的照片，画面曝光过度，画面暗部细节非常丰富

降低0.3EV曝光补偿的照片，曝光不足的照片，画面亮部细节非常丰富

没有做曝光补偿的照片，画面曝光正常，画面暗部、亮部都有一定细节，但不够丰富

焦　距　31mm
光　圈　F4
快门速度　1/60s
感光度　ISO200

▲ 使用阶段曝光功能可以一次拍出3张曝光量不同的照片，这样无论是进行后期处理，还是对于那些没有把握正确设置曝光参数的初学者来说，都是很不错的选择

第6章

视频拍摄功能

视频短片的拍摄流程与注意事项

使用SONY NEX微单相机拍摄视频的操作比较简单，在拍摄待机显示模式下，按下红色的MOVIE按钮即可拍摄视频，再次按下MOVIE按钮即可停止拍摄。

右侧展示了在拍摄视频时液晶显示屏显示的参数意义。

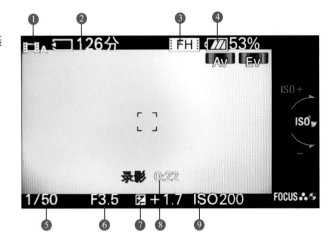

① 照相模式	④ 剩余电池电量	⑦ 曝光补偿
② 视频的可拍摄时间	⑤ 快门速度	⑧ 视频的拍摄时间（m:s）
③ 视频的录制模式	⑥ 光圈值	⑨ ISO感光度

拍摄短片的注意事项列举见下表。

项　目	说　明
最长短片拍摄时间	最长可录制29分钟。一次录制时间超过此限制时，拍摄将自动停止
单个文件大小	最大不能超过2GB。如果单个文件大小超过了2GB，相机会自动创建新的短片文件并继续进行拍摄
变焦	不推荐在短片拍摄期间进行镜头变焦。不管镜头的最大光圈是否发生变化，变焦操作都可能导致曝光的变化并被记录下来
创意风格	相机将根据不同的创意风格设置拍出不同风格的照片
不要对着太阳拍摄	可能会导致感光元件的损坏
噪点	在低光照时可能会产生噪点
长时间拍摄	机内温度会显著升高，图像质量也会有所下降
选择格式	如果要在电视上回放短片，用户应选择AVCHD格式进行录制
灯光	如果在荧光灯或LED照明下拍摄短片，画面可能会闪烁
画质	如果安装的镜头具有防抖功能，即使不半按快门按钮，防抖功能也将始终工作，因此也将消耗电池电量并可能缩短短片拍摄时间。如果使用三脚架或没必要使用镜头的防抖功能，应将防抖功能关闭

视频短片菜单重要功能详解

设置记录设置（动态影像）

　　功能要点：在"记录设置"菜单中可以选择动态影像拍摄的影像尺寸、帧速率和影像质量。选择不同的尺寸拍摄，所获得的视频清晰度不同，占用的空间也不同。

　　使用经验：如果在"文件格式"菜单中选择的是"MP4"选项，则在"记录设置"菜单中只能选择"1440×1080 12M"及"VGA 3M"两个选项。

　　SONY NEX 7 微单相机支持的动态影像记录尺寸见下表。

影像尺寸	
影像尺寸	⭕ 50i 24M（FX）
全景方向	🔘 50i 17M（FH）
动态影像	⭕ 50p 28M（PS）
文件格式	⭕ 25p 24M（FX）
记录设置	⭕ 25p 17M（FH）

　　操作步骤：在**影像尺寸**中选择**动态影像**栏下的**记录设置**选项，按▲或▼方向键选择所需选项

　　操作提示：在SONY α6000相机中，需要进入"拍摄设置菜单2"菜单，选择"记录设置"选项。

文件格式 [AVCHD 60i/60p] [AVCHD 50i/50p]	平均比特率	记录
50i 24M（FX）	24 Mbps	录制1920×1080 高影像质量的视频
50i 17M（FH）	17 Mbps	录制1920×1080 标准影像质量的视频
50p 28M（PS）	28 Mbps	录制1920×1080 最高影像质量的视频
24p 24M（FX） 25p 24M（FX）	24 Mbps	录制1920×1080（24p/25p）高影像质量的视频。能够产生如影院般的氛围
24p 17M（FH） 25p 17M（FH）	17 Mbps	录制1920×1080（24p/25p）标准影像质量的视频。能够产生如影院般的氛围
文件格式：MP4	**平均比特率**	**记录**
1440×1080 12M	12 Mbps	录制1440×1080视频
VGA 3M	3 Mbps	录制VGA尺寸视频

设置文件格式（动态影像）

　　功能简介：在"文件格式"菜单中可以选择动态影像的录制文件格式，包含"AVCHD"和"MP4"两个选项。

　　选项释义

　　■AVCHD：使用 AVCHD 格式可以进行全高清视频(Full HD)录制，画质较佳，但文件很大，对存储卡容量要求很高。适用于拍摄在高清电视机上播放的动态影像。

　　■MP4：此格式同样可以录制全高清视频的短片，但质量却稍有下降。也正因为如此，此格式的文件较小，适用于在网络、手机上查看，也可以作为电子邮件的附件使用。

　　使用经验：如果需要拍摄家庭录影或专业性质的短片，建议选择AVCHD格式，以使用随附机赠的"PMB"软件，制作成Blu-ray Disc、AVCHD光盘或DVD-Video光盘。如果只是用于微博、网站分享，选择MP4格式是最合适的，既省存储卡空间，上传的速度也会更快。

影像尺寸	
影像尺寸	
全景方向	
动态影像	
文件格式	AVCHD AVCHD 50i / 50p
记录设置	MP4 MP4

　　操作步骤：在**影像尺寸**中选择动态影像栏下的**文件格式**选项，按▲或▼方向键选择所需文件格式选项

　　操作提示：在SONY α6000相机中，需要进入"拍摄设置菜单1"菜单，选择"文件格式"选项。

动态影像录音

功能要点：使用相机内置麦克风可录制立体声。

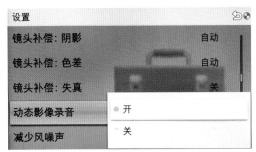

操作步骤：在**设置**菜单中选择**动态影像录音**选项，按▲或▼方向键选择**开**或**关**选项

选项释义

■**开**：选择此选项，录制声音（立体声）。

■**关**：选择此选项，不录制声音。

操作提示：SONY α6000相机无此功能。

减少风噪声

功能要点：设置在拍摄时是否减少风的噪声。

操作步骤：在**设置**菜单中选择**减少风噪声**选项，按▲或▼方向键选择**开**或**关**选项

选项释义

■**开**：选择此选项，减少风噪声。

■**关**：选择此选项，不减少风噪声。

操作提示：SONY α6000相机无此功能。

▲ 拍摄蝴蝶在花丛中翩翩起舞的视频截图

第7章

成为摄影高手必修美学之构图

明确构图的两大目的

构图目的之一——赋予画面形式美感

有些摄影作品无论是远观还是近赏都无法获得别人的赞许，有些摄影作品则恰恰相反。这两种摄影作品之间比较大的区别就是后者更具有形式美感，而这恰好是前者所不具备的。

构图的目的之一就是赋予画面形式美感，因为无论照片的主体多么重要，如果整个画面缺乏最基本的形式美感，这样的照片就无法长时间吸引观赏者的注意。

利用构图手法赋予画面形式美感，最简单的一个方法就是让画面保持简洁，这也是为什么许多摄影师认为"摄影是减法艺术"的原因，此外，就是灵活运用最基本的构图法则，这些构图法则在摄影艺术多年发展历程中，已经被证明是切实有效的。

焦　　距 ▷ 22mm
光　　圈 ▷ F4.5
快门速度 ▷ 1/200s
感 光 度 ▷ ISO100

▶ 拍摄映在楼梯上的镂空护栏的影子，虽未见护栏，却在观者心中已呈现出其样貌，漂亮的光影效果给画面赋予了形式美感与艺术感

构图目的之二——营造画面的兴趣中心

一幅成功的摄影作品，其画面必然有一个鲜明的兴趣中心点，其在点明画面主题的同时，也是吸引观者注意力的关键所在。

这个兴趣中心点可能是整个物体或者物体的一个组成部分，也可能是一个抽象的构图元素，或者是几个元素的组合等，在拍摄时摄影师必须通过一定的构图技巧来强化画面的兴趣中心，使之在画面中具有最高的关注度。

拍摄要点：

（1）采用略为仰视的角度，让画面构图看起来更为特别。

（2）采用长焦或微距镜头进行拍摄，使得冰块能够充满画面。在使用长焦镜头拍摄时要特别注意，由于是正对着阳光拍摄，因此时间不宜太长，除了容易刺伤眼睛外，也可能会造成相机感光元件等部件的损坏。

（3）使用点测光模式，并手动选择单个对焦点对冰块进行对焦，从而同时以对焦点的位置为准进行测光，这样可以最大限度地避免阳光直射对测光结果的影响，适当降低1挡左右的曝光补偿，可以更好地呈现出冰块的质感。

▲ 巧妙地将冰块的造型与夕阳时分的落日结合起来，好像怪兽要吃掉太阳一样，趣味十足

焦　　距 ▷ 115mm
光　　圈 ▷ F7.1
快门速度 ▷ 1/640s
感 光 度 ▷ ISO400

构图得当的照片通常有对比与节奏

对比

无论是哪一种艺术创作，对比几乎都是最重要的艺术创作手法之一，当两个具有强烈对比性的物体出现时，这两个物体通常都能够获得极强的关注。

在摄影创作中，通常可以通过构图使画面的元素之间在大小、明暗、形状、方向、质感、冷暖、色彩、动静、方向上形成对比。

焦　　距 ▷ 20mm
光　　圈 ▷ F16
快门速度 ▷ 1/500s
感 光 度 ▷ ISO100

▲ 在拍摄山景时连同在山顶拍照的游人一同纳入到镜头中，从而获得大小对比悬殊的画面效果，同时衬托出群山的雄伟、壮丽

节奏

节奏原本是音乐中的词汇，实际上在各种成功的艺术作品中，都能够找到节奏的痕迹。在摄影创作中，摄影师也可以通过构图手法来安排画面空间的虚实交替，以及元素之间的变化，使作品具有一定节奏与韵律感。

例如，可以通过重复的元素形成节奏，即以相同的间隔重复出现某一对象，这种重复可以形成直线、曲线、弧线或是斜线，还可以通过画面构成元素位置的差异形成节奏，或通过画面中元素呈现的大小渐变形成节奏。

焦　　距 ▷ 200mm
光　　圈 ▷ F4.5
快门速度 ▷ 1/640s
感 光 度 ▷ ISO500

▶ 以蓝天为背景拍摄在树枝上有秩序地排列着的四只鸟儿，得到的画面极具节奏感与韵律感，斜线构图的使用也使画面更生动

不同画幅的妙用

横画幅

　　横画幅构图被人们广泛地应用，主要是因为横画幅符合人们的视觉习惯和生理特点，因为人的双眼是水平的，很多物体也都是在水平方向上进行延伸的。因此，无论是从人们的视觉习惯，还是从拍摄的便利性上（横向比竖向更容易持机），横画幅都是摄影师最常使用的画幅形式。

　　横画幅画面给人以自然、舒适、平和、宽广、稳定的视觉感受，尤其适合于表现水平方向上的运动、宽阔的视野。特别是在表现全景类大场景时，横画幅比竖画幅更具气势，整个场景看上去显得更宽广、博大、宏伟。因此，横画幅经常用于拍摄大场景风光（如海面、湖面、田原、绵延山脉）、人物群体肖像、环境人像、城市及建筑全貌等题材。

竖画幅

　　竖幅构图给人向上延伸的感觉。就单指画框来说，横竖边构成的角，具有方向性的冲击力，给人强烈上升的视觉感受，这样就增强了竖画面向上延伸的表现力和空间感，给观赏者独特的视觉感受。

　　竖画幅有利于将画面上下部分的内容联系在一起的表达主题，适合表现平远的对象，以及对象在同一平面上的延伸和远近层次，在风光摄影中常用于拍摄大景深的山水、湖面、海面等主题。

　　竖画幅构图能给人以高耸、向上的感觉，因此也适合表现高大、挺拔、崇高等视觉感受，因此拍摄树木、建筑等题材时常用。

焦　　距 ▶ 136mm
光　　圈 ▶ F3.2
快门速度 ▶ 1/320s
感 光 度 ▶ ISO100

▶ 竖向构图可使女性的身材看起来更加修长、纤细

方画幅

方画幅是处于横画幅与竖画幅之间的一种中性的画幅形式，常给人一种均衡、稳定、静止、调和、严肃的视觉感受。方画幅有利于表现对象的稳定状态，常常用来表现庄重的主题，但如果使用不当，画面就容易显得单调、呆板和缺乏生气。

焦　　距 ▶ 33mm
光　　圈 ▶ F7.1
快门速度 ▶ 1/160s
感 光 度 ▶ ISO200

▶ 方画幅的稳定感很适合表现坚毅的山峦，而图下方柔美的水流则打破了画面呆板的感觉

宽画幅

宽幅画面的视角超过了90°，其长宽比可以达到5∶1甚至更高，因此这样的照片使观赏者的视野更加开阔。"清明上河图"就是这样一幅典型的超宽画幅画作。这种画幅的照片，通常是利用数码单反相机拍摄后，通过后期软件进行裁剪拼合得到的。

▲ 宽画幅的使用，使画面看起来非常宽广，空间感极强

认识各个构图要素

主体

主体指拍摄中所关注的主要对象，是画面构图的主要组成部分，可集中观者视线的视觉中心，也是画面内容的主要体现者，可以是人也可以是物，可以是任何能够承载表现内容的事物。

一幅漂亮的照片会有主体、陪体、前景、背景等各种元素，但主体的地位是不能改变的。而其他元素的完美搭配都是为了突出主体，并以此为目的安排主体的位置、比例。

要突出主体，在摄影中可以采用多种手段，最常用的方法是对比。例如，通过虚实对比、大小对比、明暗对比、动静对比等。

▲ 摄影师通过虚实的手法，让主体人物在画面中突出

焦　　距 ▷ 85mm
光　　圈 ▷ F2.8
快门速度 ▷ 1/320s
感 光 度 ▷ ISO100

陪体

陪体在画面中起衬托的作用，正所谓"红花需绿叶扶"，如果没有绿叶的存在，再美丽的红花也难免会失去活力。"绿叶"作为陪体时，它是服务于"红花"的，要主次分明，切忌喧宾夺主。

一般情况下，可以利用直接法和间接法处理画面中的陪体。直接法就是把陪体放在画面中，但要注意陪体不能压过主体，往往安排在前景或是背景的边角位置。间接法，顾名思义，就是将陪体安排在画面外。这种方法比较含蓄，也更具有韵味，形成无形的画外音，做到"画中有话，画外亦有话"。

环境

环境是指靠近主体周围的景物，它既不属于前景，也不属于背景，环境可以是景、是物，也可以是鸟或其他动物，环境起到衬托、说明主体的作用。

一幅摄影作品中，我们除了可以看到主体和陪体以外，还可以看到作为环境的一些元素。这些元素烘托了主题、情节，进一步强化了主题思想的表现力，并丰富了画面的层次。

▲ 以画面中的礁石作为前景，衬托出了大海的辽阔，也增强了画面的空间感

焦　　距 ▶ 20mm
光　　圈 ▶ F16
快门速度 ▶ 1/20s
感 光 度 ▶ ISO100

掌握构图元素

用点营造画面的视觉中心

点在几何学中的概念是没有体积只有位置的集合图形，直线的相交处和线段的两端都是点。在摄影中，点强调的是位置。

从摄影的角度来看，如果拍摄的距离足够远，任何事物都可以成为摄影画面中的点，大到一个人、房屋、船等，只要距离够远，在画面中都可以以点的形式出现；同

理，如果拍摄的距离足够近，小的对象，比如说一颗石子、一个田螺、一朵小花，也可以作为点在画面中存在。

从构图的意义方面来说，点通常是画面的视觉中心，而其他元素则以陪体的形式出现，用于衬托、强调充当视觉中心的点。

拍摄经验：在冰天雪地中拍摄时，由于环境气温较低，相机的耗电量会比平时更大，因此要特别注意为相机保暖，减少因天气寒冷导致的电量消耗。有条件的情况下，最好携带一块备用电池。另外，在从寒冷的户外返回室内时，相机会吸收空气中的湿气，在表面凝结出水滴，因此应提前将其放置在防潮箱内，或在较冷的屋子里放置一定时间后再拿到较暖的屋子。尤其对于SONY NEX相机来说，防水防潮性能并不是特别出色，因此尤其要注意这方面的问题。

▲ 在苍茫的雪地上，拉着爬犁行走的人物在简约的画面中自然成为画面的视觉中心。弯曲的河流与人物形成鲜明的对比，突显出雪原的壮阔与一望无际

焦　　距 ▶ 20mm
光　　圈 ▶ F9
快门速度 ▶ 1/125s
感 光 度 ▶ ISO200

利用线赋予画面形式美感

线条无处不在，每一种物体都具有自身鲜明的线条特征。

在摄影中，线条既是表现物体的基本手段，也是传递画面形象美的主要方法。

拍摄经验：拍摄时，要通过各种方法来寻找线条，如仔细观察建筑物、植物、山脉、道路、自然地貌、光线，都能找到漂亮的线条，并在拍摄时通过合适的构图方法将其在画面中强调出来，使画面充满美感。

▲ 摄影师以独特的视角在桥下进行拍摄，充分利用了大桥本身的线条与投影产生的线条。在大桥的对称式构图中，又加入了一定的变化，使画面不拘泥于形式，显得更为灵活，同时又不失其特有的形式美感

焦　　距 ▶ 20mm
光　　圈 ▶ F11
快门速度 ▶ 1/640s
感 光 度 ▶ ISO100

找到景物最美的一面

在几何学中，面的定义是线的移动轨迹。因为肉眼能看到的物体，大都是以面的形式存在的，所以面是摄影构图中最直观、最基本的元素。

在不同角度拍摄同一物体时，可以拍摄到不同的面。这些面中有的可能很美，也有的可能很平凡，这时候就需要我们去寻找、发现物体最美的一面。

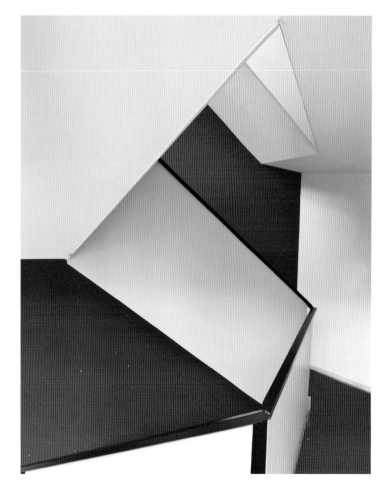

焦　　距 ▶ 14mm
光　　圈 ▶ F7.1
快门速度 ▶ 1/2s
感 光 度 ▶ ISO100

▶ 由不同的面组成的画面既简洁又很有形式美感

3种常见水平拍摄视角

拍摄视角的变化会影响到整个画面的视觉效果。视角不同，画面中主体与陪体表现的效果及画面中各元素间的位置关系也会发生变化，而即便是细小的变化，也可能使画面出现不同的表现效果，即所谓的"移步换景"。

关于这一点，著名诗人苏轼已经在《题西林壁》中用"横看成岭侧成峰，远近高低各不同"进行了充分而精练的表述。

正面

正面拍摄就是相机与被摄体的正面相对的位置进行拍摄。使用正面角度进行拍摄，可以很清楚地展示被摄体的正面形象。

对于风光摄影而言，有些景物是没有必然的正面或其他面之分的，此时，我们只需要按照追求的效果选择合适的角度拍摄就可以了。但如果拍摄的是建筑、昆虫、飞鸟、人像等题材时，区分是否拍摄的是正面，则就有很重要的意义了。

正面摄影的画面不足之处在于，如果拍摄的是对称题材，则画面因缺少变化而比较呆板，被拍摄对象在画面上只有高度和宽度没有深度，所以影响了对象的立体感、纵深感和动感表现。

焦　　距 ▶ 50mm
光　　圈 ▶ F8
快门速度 ▶ 1/125s
感 光 度 ▶ ISO100

▶ 正面拍摄人物的特写照片，非常清晰地表现出模特的妆容以及白皙、柔嫩的肌肤

侧面及斜侧面

侧面拍摄就是相机位于与被摄体正面呈90°的位置进行拍摄。使用侧面进行拍摄，可以突显被摄体的轮廓。

斜侧面角度是指介于正面角度与侧面角度之间的角度，它能够表现出拍摄对象正面和侧面的形象特征以及丰富多样的形态变化。

侧面角度常被用于勾勒被拍摄对象的轮廓线，例如，展现出人、马等形体优美且富有特征的线条；此外，这种角度被用于强调动体的方向性和事物之间的方位感，但在拍摄时要注意为画面留出了运动空间，使运动具有明确的方向性。

斜侧面角度可以弥补正面、侧面结构形式的不足，避免了画面的呆板，使画面显得生动、活泼、多变、立体。斜侧面角度还可以在画面中形成影像近大远小、线条汇聚的效果，从而使画面有更强的空间透视效果。

背面

背面拍摄就是相机位于被摄体后方的位置进行拍摄，背面拍摄意境更含蓄。

在背面方向时，由于画面看到的景物和观众看到的景物是一样的，因此在表现得当的情况下，很容易引发观众的联想。由于背面构图主要是刻画主体背面的形态和轮廓，主体优美的造型可以使画面更有感染力。

反之，如果所拍摄对象的背面没有什么特点，或不能够反映被拍摄对象的主要特征，就不适宜背面拍摄。

▲ 从侧面表现看向天空的女孩，在侧逆光的照射下，很好地突出了其五官轮廓

焦　　距 ▷ 85mm
光　　圈 ▷ F2.8
快门速度 ▷ 1/250s
感 光 度 ▷ ISO200

焦　　距 ▷ 85mm
光　　圈 ▷ F2.8
快门速度 ▷ 1/320s
感 光 度 ▷ ISO200

▶ 从背面角度拍摄看向远方的女孩，开放式构图给人丰富的想象空间

利用高低视角的变化进行构图

平视拍摄要注意的问题

平视角度拍摄即摄影机镜头与被摄对象处在同一水平线上,平视角度拍摄的画面里,透视关系、结构形式和人眼看到的大致相同,会给人以心理上的亲切感。

平视角度是最不容易出特殊画面效果的角度,因此,平视角度拍摄需要注意以下问题:

首先是选择、简化背景。平视角度拍摄容易造成主体与背景景物的重叠,要想办法避免杂乱的背景或用一些可行的技术与艺术手法简化背景。

再次,要注意避免地平线分割画面。

可利用前景人为地加强画面透视,打破地平线无限制的横穿画面,或者利用高低不平的物体如山峦、岩石、树木、倒影等来分散观众视线的注意力,减弱地平线横穿画面的力量。

还可以利用纵深线条,即利用画面中从前景至远方所形成的线条变化,引导观众视线向画面纵深运动,加强画面深度感,减弱横向地平线的分割力量。

利用空气介质、天气条件的变化,如雨、雪、雾、烟等增强空间透视感,也是不错的方法。

▲ 采用平视角度拍摄,非常符合人们的视觉习惯

焦　　距 ▶ 35mm
光　　圈 ▶ F11
快门速度 ▶ 1/320s
感 光 度 ▶ ISO100

俯视拍摄要注意的问题

俯视角度拍摄即摄影机镜头处在正常视平线之上,由高处向下拍摄被摄体。

俯视角度拍摄有利于展现空间、规模、层次,可以将远近景物在平面上充分展开,而且层次分明,有利于展现空间透视及自然之美,有利于表现某种气势、地势,如山峦、丘陵、河流、原野等,介绍环境、地点、规模、数量,如群众集会、阅兵式等,展示画面中物体间的方位关系。

俯拍会改变被摄事物的透视状况,形成一定的上大下小的变形,这种变形在使用广角镜头拍摄时更加明显。例如,在人像摄影中这种角度能够使眼睛看上去更大一些,而脸则更瘦一些。

运用这种角度拍摄要注意的是,俯视角度拍摄有时表示了一种威压、蔑视的感情色彩,因为当我们去俯视一个事物时,自身往往处在一个较高的位置,心理上处于一种较优越的状态。因此,在拍摄人像时要慎重使用。

拍摄经验:俯视角度拍摄有简化背景的作用,可以利用干净的地面、水面、草地等作为背景,避开地平线以及地平线上众多的景物。

俯视角度拍摄时往往使地平线位于画面的上方,以增加画面的纵深感,使画面显得深远、透视感强。

▲ 以俯视角度拍摄群山,减少了天空背景对画面的影响,着重表现了山峦的连绵起伏感,突出了壮丽的山河之美

焦　　距 ▷ 18mm
光　　圈 ▷ F5.6
快门速度 ▷ 1/200s
感 光 度 ▷ ISO100

仰视拍摄要注意的问题

仰视拍摄即摄影机镜头处于视平线以下，由下向上拍摄被摄体。仰视拍摄有利于表现处在较高位置的对象，利于表现高大垂直的景物。当景物周围拍摄空间比较狭小时，仰拍可以充分利用画面的深度来包容景物的体积。

由于仰视拍摄改变了人们通常观察事物的视觉透视效果，有利于表达作者的独特的感受，使画面中的物体造成某种优越感，表示某种赞颂、胜利、高大、敬仰、庄重、威严等，给人们以象征性的联想、暗喻和潜在意义，具有强烈的主观感情色彩。

仰视拍摄时要注意的是，为了使景物本身的线条产生明显的向上汇聚效应，拍摄时需要使用广角镜头。如果在拍摄时使用中焦或长焦镜头，则由于仰视角度产生的景物向上汇聚的趋势就会变得比较弱。

拍摄经验：仰视拍摄还有利于简化背景，可以能够找到干净的天空、墙壁、树木等作背景，将主体背后处于同一高度的景物避开。在简化背景的同时，仰视拍摄还可以加强画面中动作的力度。仰视拍摄时往往使地平线处于画面的下方，可以增加画面的横向空间展现，画面显得宽广、高远。

▲ 垂直仰视拍摄楼群，高楼形成从四周向中心汇聚的态势，使画面产生强烈的视觉张力

焦　　距 ▶ 18mm
光　　圈 ▶ F10
快门速度 ▶ 1/400s
感 光 度 ▶ ISO100

开放式及封闭式构图

封闭式构图要求作品本身的完整性，通过构图把被摄对象限定在取景框内，不让它与外界发生关系，封闭式构图适用于表现完美、通俗和严谨的拍摄题材。封闭式构图追求画面内部的统一、完整、和谐与均衡。

开放式构图不讲究画面的严谨和均衡，而是引导观众突破画框的限制，对画面外部的空间产生联想，以达到增加画面内部容量与内涵的目的。

在构图时，可以有意在画面的周围留下被切割得不完整形象，同时不必追求画面的均衡感，可以利用画面外部的元素与画面内部的元素形成一种相像中的平衡、和谐感。如果利用这种构图形式来拍摄人像，画面中人像的视线与行为落点通常在画面外部，以暗示其与画面外部的事物有呼应与联系。

▲ 采用封闭式构图拍摄盛开的荷花，并且将花朵放置在画面的正中央，画面看起来十分传统和严谨

焦　　距 ▶ 110mm
光　　圈 ▶ F4
快门速度 ▶ 1/640s
感 光 度 ▶ ISO200

▼ 摄影师选择了荷花的局部进行拍摄，这样开放式的构图会给观者留下想象的空间，画面没有"束缚"感，给人感觉十分灵动

焦　　距 ▶ 200mm
光　　圈 ▶ F4
快门速度 ▶ 1/400s
感 光 度 ▶ ISO200

常用构图法则

黄金分割法构图

许多艺术家在创作过程中都会遵循一定的原则，而在构图方面，艺术家们最为推崇并遵循的原则就是"黄金分割"，即画面中主体两侧的长度对比为 1：0.618，这样的画面看起来是最完美的。

具体来说，黄金分割法的比例为5：8，它可以在一个正方形的基础上推导出来。

首先，取正方形底边的中心点为x，并以x为圆心，以线段xy为半径作圆，其与底边直线的交点为z点，这样将正方形延伸为一个比例为5：8的矩形，即a：c=b：a=5：8，而y点则被称为"黄金分割点"。

对摄影而言，真正用到黄金分割法的情况相对较少，因为在实际拍摄时很多画面元素并非摄影师可以控制的，再加上视角、景别等多种变数，因此很难实现完美的黄金分割构图。

但值得庆幸的是，经过不断的实践运用，人们总结出黄金分割法的一些特点，进而演变出了一些相近的构图方法，如九宫格法。在具体使用这种构图方法时，通常先将整个画面用三条线进行等分，而线条形成4个交点即称为黄金分割点，我们可以直接将主体置于黄金分割点上，以引起观者的注意，同时避免长时间观看而产生的视觉疲劳。

拍摄经验：在实际拍摄中，往往无法精确地将景物安排为黄金构图比例，只能依据目测和摄影者当时的感觉来取景，所拍得的画面大概符合构图标准，能反映出创作意图即可。

当被摄对象以线条的形式出现时，可将其置于画面三等分的任意一条分割

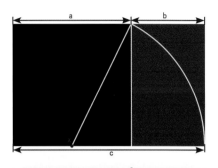

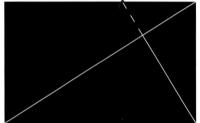

▲ 黄金分割法构图示意图

线位置上。这种构图方法本质上利用的仍然是黄金分割的原则，也有许多摄影师将其称为三分线构图法。

焦　距　54mm
光　圈　F2.8
快门速度　1/250s
感光度　ISO100

▲ 将女孩置于画面的黄金分割点处，人物在画面中看起来很舒服

焦　距 ▷ 18mm
光　圈 ▷ F11
快门速度 ▷ 1/160s
感光度 ▷ ISO400

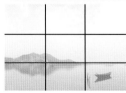

▲ 将地平线置于下方的三分线上，为天空保留2/3的区域，以突出天空的广阔，使得画面看起来有种惬意的悠然之美

知识链接：用网格线显示功能拍摄三分法构图

功能简介：SONY NEX相机的"网格线"功能可以辅助摄影师进行构图，开启此功能后，在拍摄时液晶显示屏会显示不同格式的网格线，摄影师在拍摄时可以依据网格线安排水平面、地平面或主体的位置。

功能要点：在此可以设置"第三准则网格/三等分线网格"、"方形张格"、"对角+方形网格"及"关"4个选项。

操作步骤：在设置菜单中选择网格线选项，按控制轮中央按钮，转动控制轮或按控制轮的▼或▲方向键选择一个网格线选项

选项释义

■第三准则网格（SONY NEX 7）/三等分线网格（SONY NEX 5 和 α6000）：选择此选项，画面会被分成三等分，呈现井字形。在使用时，只需将被摄主体安排在网格线的附近，即可形成良好的三分法构图。

■方形网格：选择此选项，画面中会显示较多的网格线，在拍摄时更容易确认构图的水平程度，例如在拍摄风光、建筑时，较多的网格线可以辅助摄影者快速、灵活地进行构图。

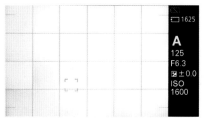

■对角＋方形网格：选择此选项，画面中会显示网格线加对角线的效果。利用这种网格线类型，可以使画面更生动活泼，尤其是在使用斜线、对角线构图时，开启此功能可以使构图更精确。

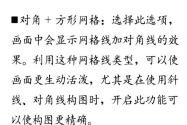

水平线构图

水平构图也称为横向式构图，即通过构图使画面中的主体景物在画面中呈现为一条或多条水平线的方法，是使用最多的构图方法之一。

水平构图常常可以营造出一种安宁、平静的画面意境，同时，画面中的水平线可以为画面增添一种横向延伸的形式感。水平构图根据水平线位置的不同，可分为低水平线构图、中水平线构图和高水平线构图。

中水平线构图指画面中的水平线居中，以上下对等的形式平分画面。采用这种构图形式的原因，通常是为了拍摄到上下对称的画面，这种对象有可能是被拍摄对象自身具有上下对称的结构，但更多的情况是由于画面的下方水面能够完全倒影水面上方的景物，从而使画面具有平衡、对等的感觉。值得注意的是中水平构图不是对称构图，不需要上下的景物一致。

▲ 利用水平线构图拍摄平静的湖面，将湖面的倒影也纳入画面中，对称的画面将湖水宁静、祥和的感觉表现得很好

焦　　距 ▶ 31mm
光　　圈 ▶ F11
快门速度 ▶ 1/160s
感 光 度 ▶ ISO200

高水平线构图是指画面中主要水平线的位置在画面靠上1/4或1/5的位置。高水平线构图与低水平线构图正好相反，主要表现的重点是水平以下部分，例如大面积的水面、地面。采用这种构图形式的原因，通常是由于画面中的水面、地面有精彩的倒影或丰富的纹理、图案细节等。

低水平线构图是指画面中主要水平线的位置在画面靠下1/4或1/5的位置。采用这种水平线构图的原因是重点表现水平面以上部分的主体，当然，在画面中安排出这样的面积，水平线以上的部分也必须具有值得重点表现的景象。例如，天空中漂亮的云层、冉冉升起的太阳等。

焦　　距 ▷ 18mm
光　　圈 ▷ F10
快门速度 ▷ 1/250s
感 光 度 ▷ ISO100

▲ 利用低水平线构图表现天空，突出了蔚蓝的天空中的白云，并纳入地面的建筑和桥梁来点缀画面，整个画面给人一种开阔、豁达的感觉

垂直线构图

垂直线构图即通过构图手法，使画面中的主体景物在照片画面中呈现为一条或多条垂直线。

垂直线构图通常给人一种高耸、向上、坚定、挺拔的感觉。所以经常用来表现向上生长的树木及其他竖向式的景物。

拍摄经验：如果拍摄时使画面中的景物，在画面中上下穿插到底，则可以形成开放式构图，让观赏者想象出画面中的主体有无限延伸的感觉。因此拍摄时照片顶上不应留有白边，否则在观赏者在视觉上就会产生"到此为止"的感觉。

▲ 采用垂直构图拍摄树木，竖直的线条有向上方透视集中的趋势，突出了树木的生命力

焦　　距 ▷ 55mm
光　　圈 ▷ F11
快门速度 ▷ 1/100s
感 光 度 ▷ ISO400

斜线及对角线构图

斜线构图是利用建筑的形态以及空间透视关系,将图像表现为跨越画面对角线方向的线条。

它可以给人一种不安定的感觉,但动感十足,使画面整体充满活力,且具有延伸感。

对角线构图属于斜线构图的一种极端的形式,即画面中的线条等同于其对角线,可以说是将斜线构图的功能发挥到了一个极致。

焦　　距 ▷ 18mm
光　　圈 ▷ F8
快门速度 ▷ 1/250s
感 光 度 ▷ ISO100

▶ 运用斜线构图表现水面上的桥梁,由于近大远小的透视关系,增强了画面空间的延伸感

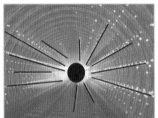

放射线构图

放射线构图,即通过构图使画面具有类似于自行车车轮轴条的放射效果。放射线构图具有两种类型:一是向心式构图,即主体在中心位置,四周的景物或元素向中心汇聚,给人一种向中心挤压的感觉;二是离心式构图,即四周的景物或元素背离中心扩散开来,会使画面呈现舒展、分裂、扩散的效果。

早晨穿过树林的"耶稣光"、多瓣的花朵等,这些都属于自然形成的放射线。

拍摄经验:要通过构图来形成的放射画面,应该在拍摄时寻找那些富有线条感的对象,如耕地、田园、纺织机、整齐的桌椅等。

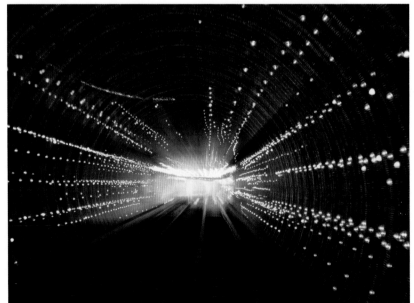

▲ 利用广角镜表现隧道内呈放射状的光线,画面给人一种很强的视觉冲击力

焦　　距 ▷ 30mm
光　　圈 ▷ F5.6
快门速度 ▷ 1/20s
感 光 度 ▷ ISO800

L形构图

L形构图即通过摄影手法，使画面中的主体景物的轮廓线条、影调明暗变化形成有形或无形的L形的构图手法。

L形构图属于边框式构图，使原有的画面空间凝缩在摄影师安排的L形状构成的空白处，就是照片的趣味中心。这也使得观者在观看画面时，目光最容易注意这些地方。

但值得注意的是：如果缺少了这个趣味中心，整个照片就会显得呆板、枯燥。

拍摄经验：拍摄风光时运用这种L形构图，建议前景处安排影调较重的树木、建筑物等景物，然后在L形划分后的空白空间中，安排固有的景物，如太阳，也可以是运动物体如移动的云朵、飞鸟等，将其成为趣味中心。

焦　距 ▶ 50mm
光　圈 ▶ F2
快门速度 ▶ 1/640s
感 光 度 ▶ ISO200

▲ 人物的身体姿态形成L形构图画面，给人稳定、自然、舒展的感觉

 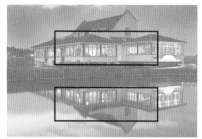

对称式构图

对称式构图是指画面中景物以某一根线为轴，在大小、形状、距离和排列等方面相互平衡、对等的一种构图形式。

采用这种构图形式通常是表现拍摄对象上下（左右）对称的画面，这种对象可能自身就有上下（左右对称）的结构，现实生活中的许多事物具有对称的结构，还有一种是主体与水面或反光物体形成的对称，这样的照片给人一种平静和秩序感。

焦　距　50mm
光　圈　F8
快门速度　20s
感 光 度　ISO100

▲ 对称式构图拍摄的画面让房屋与水里的影子相映成趣，显出安静平和的氛围

S形构图

　　S形常给人一种流畅的美感，如果拍摄环境中没有现成的S形，也可借助于画面结构的纵深关系巧妙的构成S形效果。通常，S形构图的画面在视觉顺序上对观众的视线会产生由近及远的引导，按S形顺序深入画面中，使观赏充满趣味性。

　　S形构图不仅因此常用于拍摄河流、蜿蜒的路径等题材，在拍摄女性人像时也经常使用，以表现女性婀娜的身材。

▲ 冰雪覆盖的河面蜿蜒成优美的S形，使画面看上去动感十足

焦　　距 ▷ 24mm
光　　圈 ▷ F16
快门速度 ▷ 1/80s
感 光 度 ▷ ISO100

▲ 模特的身姿扭转成优美S形，不仅给画面带来动感效果，并充分展现了女性的曲线美

焦　　距 ▷ 50mm
光　　圈 ▷ F3.2
快门速度 ▷ 1/200s
感 光 度 ▷ ISO100

拍摄要点：

（1）选择侧光角度拍摄，使人物看起来更有立体感。

（2）增加0.7挡的曝光补偿，使人物的皮肤更加白皙。

（3）由于室内光线较暗，在摆拍的情况下，可使用三脚架来固定相机。

三角形构图

　　三角形构图即通过构图使画面呈现一个或多个，正立、倾斜或颠倒的三角形的构图手法。

　　三角形是最稳定的结构，三角形通常给人一种稳定、雄伟、持久的感觉，所以在风光摄影中经常用来表现大山，这也是由于人们通常都认为山的抽象图形概括便是三角形。

　　根据画面中出现的三角形数量可以分为单三角形构图、组合三角形构图及三角形与其他形组合构图等；根据三角形的方向，可以分为正三角形、倒三角形构图。正立三角形不会产生倾倒之感，所以经常用于表现人物的稳定感、自然界的雄伟。

　　如果三角形在画面中呈现倾斜与颠倒的状态，也就是倒三角或斜三角，则会给人一种不稳定的感觉。组合三角形构图的画面更加丰富多变，一个套一个的不同规格三角形组合在一起，稳重又呼应，能够使画面的空间更有趣味性，这样的画面不容易感觉到单调和重复。

　　拍摄经验：在夕阳时分的光线下，使用"荧光灯"白平衡，可以得到蓝、紫相间的色彩效果，为画面平添一份唯美、特别的视觉效果。

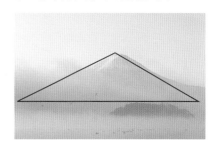

拍摄要点：

（1）使用多重测光模式进行测光，由于照片整体偏暗，因此测光结果会在一定程度上偏亮，此时需要适当降低0.7挡左右的曝光补偿，使天空及雪山能够曝光正常。

（2）使用偏振镜过滤环境中的杂光，以提高画面色彩的饱和度。

▼ 采用三角形构图表现山脉，将其稳定、雄厚的感觉表现得很好

焦　　距 ▶ 70mm
光　·　圈 ▶ F16
快门速度 ▶ 1/2000s
感 光 度 ▶ ISO200

散点式构图

　　散点式（又称棋盘式）构图就是以分散的点状形象构成画面。

　　整个画面上景物很多，但是以疏密相间、杂而不乱的状态排列着，即存在不同的形态，又统一在照片中的背景中。

　　散点式构图是拍摄群体性动物或植物时常用的构图手法，通常以仰视和俯视两种拍摄视角表现，俯视拍摄一般表现花丛中的花朵，仰视拍摄一般是表现鸟群，拍摄时建议缩小光圈，这样可使画面中所有景物都能表现清晰，不会出现半实半虚的情况。

　　拍摄经验：这种分散的构图方式，有可能因主体不明确造成视觉分散，导致画面表现力下降，在拍摄时要注意经营画面中"点"的各种组合关系，因此，画面中的景物要多而不乱，才能给人一种秩序感。

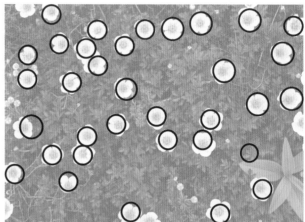

▲ 盛开在绿叶之中的点点小花，是一种无序又自然、均衡的状态，给人以美的视觉感受

焦　　距 ▷ 35mm
光　　圈 ▷ F9
快门速度 ▷ 1/125s
感 光 度 ▷ ISO100

框架式构图

　　框架式构图是指通过安排画面中的元素，在画面内建立一个画框，从而使视觉中心点更加突出的一种构图手法。框架通常位于前景，它可以是任何形状，如窗、门、树枝、阴影和手等。

　　框架式构图又可以分为封闭式与开放式两种形式。

　　封闭式的框架式构图一般多应用在前景构图中，如利用门、窗等作为前景，来表达主体、阐明环境。

　　开放式的框架式构图是利用现场的周边环境临时搭建成的框架，如树木、手臂、栅栏，这样的框式构图多数不规则及不完整，且被虚化或以剪影形式出现。但这种构图形式具有很强的现场感，可以使主体更自然地被突出表现，同时还可以交代主体周边的环境，使画面更生动、真实。

焦　　距 ▷ 26mm
光　　圈 ▷ F8
快门速度 ▷ 1/320s
感 光 度 ▷ ISO100

▲ 透过建筑去拍摄跨江大桥，这利用框架式构图起到了突出主体，吸引观者视线的作用

构图的终极技巧——法无定式

虽然本章讲解了许多构图的理论知识与规则，如果要拍摄出令人耳目一新的作品，须记住"法无定法"这四个字，如拍摄平静的湖泊不一定非要使用水平线构图法，拍摄高楼不一定非要仰拍，只有将这些死的规则都抛到脑后，才能用一种全新的方式来构图。

这并不是指不需要学习基础的摄影构图理论了，而

是指在融会贯通所学理论后，才可以达到的境界，只有这种构图创新才不会脱离基本的美学轨道。也才符合辩证的"理论指导实践，实践又反回来促进理论发展"的正循环。虽然创新的方法多种多样，也可以一言蔽之——"不走寻常路"。

焦　距 ▷ 35mm
光　圈 ▷ F16
快门速度 ▷ 1/500s
感光度 ▷ ISO100

▲ 摄影师将镜头对着生活中常见的场景，利用错落有致的椅子形成大面积的图案，并将人物置在画面的黄金分割点上，打破了密集图案带来的沉闷感，给人一种真实自然的生活场景

拍摄要点：

（1）使用三脚架稳定相机，并调整好角度，确定画面的构图，应使用广角镜头以保证能够尽量多地纳入周围的椅子。

（2）使用单个对焦点对人物进行对焦。

（3）使用小光圈进行拍摄，保证周围环境也很清晰，营造一种有节奏美感的画面。

第8章

成为摄影高手必修美学之光影

光线与色温

色温是一种温度衡量方法，通常用在物理和天文学领域，这个概念基于一个虚构的黑色物体，在被加热到不同的温度时会发出不同颜色的光，呈现为不同颜色。就像加热铁块时，黑色的铁块先变成红色，然后是黄色，最后会变成白色。当光源与铁块加热到某个程度时表现出来的色温一致时，即将其定义为该色温。

使用这种方法标定的色温与普通大众所认为的"暖"和"冷"正好相反，例如，通常人们会感觉红色、橙色和黄色较暖，白色和蓝色较冷。而实际上红色的色温最低，然后逐步增加的是橙色、黄色、白色和蓝色，蓝色是最高的色温。

利用自然光进行拍摄时，由于不同时间段光线的色温并不相同，因此拍摄出来的照片色彩也并不相同。例如，在晴朗的蓝天下拍摄时，由于光线的色温较高，因此照片偏冷色调；如果在黄昏时拍摄时，由于光线的色温较低，因此照片偏暖色调。利用人工光线进行拍摄时，也会出现光源类型不同，拍摄出来的照片色调不同的情况。

了解光线与色温之间的关系有助于摄影师在不同的光线下进行拍摄时，可预先估计出将会拍摄出什么色调的照片，并进一步考虑是要强化这种色调还是减弱这种色调，在实际拍摄时应该利用相机的哪一种功能来强化或弱化这种色调。

▶ 傍晚时分的光线色温较低，地平线的交界处呈现出暖色调，而天空未被光线照射到的地方仍为蓝色调，冷色调与暖色调的对比，使画面产生了极强的视觉冲击力

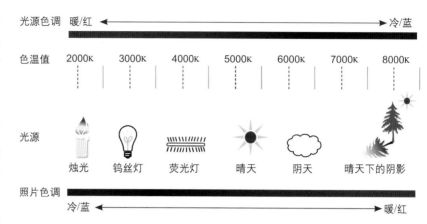

▲ 光源、色温与色调的关系

焦　距 ▷ 28mm
光　圈 ▷ F16
快门速度 ▷ 1/3s
感 光 度 ▷ ISO100

▲ 拍摄时光线的色温较高，因此整个画面呈现冷色调的感觉，将山雨欲来的气氛表现得很好

焦　距　28mm
光　圈　F19
快门速度　1/2s
感 光 度　ISO100

直射光与散射光

直射光

直射光是指太阳或其他人造光源直接照射出来的光线，没有经过云层或其他物体（如反光板、柔光箱）的反射，光线直接照射到被摄体上，这种光线就是直射光。

直射光又称硬光，直射光照射下的对象会产生明显亮面、暗面与投影，所以会表现出强烈的明暗对比。其特点是明暗过渡区域较小，给人以明快的感觉，常用于表现层次分明的风光、棱角分明的建筑等拍摄题材。

拍摄经验：直射光的光比很大，因此容易出现高光区域曝光正常时，暗调区域显得曝光不足；反之，暗调曝光正常时，高光区域则出现曝光过度的情况。因此在拍摄人像、微距等题材时，应注意为暗部补光，以避免这种问题——当然，如果是刻意想要这种效果就另当别论了。

▼ 在使用直射光线拍摄的情况下，岩石受光与背光面对比强烈，使画面立体感大大增强

焦　　距 ▷ 22mm
光　　圈 ▷ F18
快门速度 ▷ 1/50s
感 光 度 ▷ ISO100

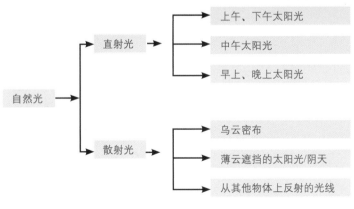

▶ 直射光效果图。明暗对比强烈，有明显的高光、受光面、背光面、阴影，有很强的立体感

散射光

散射光是指没有明确照射方向的光，如阴天、雾天时的天空光或者添加柔光罩的灯光，水面、墙面、地面反射的光线也是典型的散射光。

散射光的特点是照射均匀，被摄体明暗反差小，影调平淡柔和。利用这种光线拍摄时，能较为理想地将被拍摄对象细腻且丰富的质感和层次表现出来，例如，在人像拍摄中常用散射光表现女性柔和、温婉的气质和娇嫩的皮肤质感。其不足之处是被摄对象的体积感不足、画面色彩比较灰暗。

在散射光条件下拍摄时，要充分利用被摄景物本身的明度及由空气透视所造成的虚实变化，如果天气阴沉就必须要严格控制好曝光时间，这样拍出的照片层次才丰富。

拍摄经验：实际拍摄时，建议在画面中制造一点亮调或颜色鲜艳的视觉兴趣点，以使画面更生动。例如，在拍摄人像时，可以要求模特身着亮色的服装。

拍摄要点：

（1）使用点测光模式对人物的面部皮肤进行测光，以优先保证人物皮肤的曝光。
....
（2）使用反光板为人物的暗部补光，减少明暗对比。
....
（3）适当增加0.7挡左右的曝光补偿，使人物的皮肤看起来更加白皙、细腻。
....

▶ 散射光效果图。没有明显的明暗对比，阴影较浅甚至没有，立体感较弱

焦　　距 ▷ 85mm
光　　圈 ▷ F2.8
快门速度 ▷ 1/250s
感 光 度 ▷ ISO100

▶ 使用散射光拍摄人像，得到了画面层次丰富、颜色过渡自然、人物皮肤细嫩的效果

不同时间段自然光的特点

晨光与夕阳光线

太阳升起与其西沉的这段时间内的光线被称为晨光与夕阳光，此时，光线和地面呈15°左右的角度，并在透过厚厚的大气层之后变得柔和，还会常常伴有晨雾或暮霭，空气透视效果强烈，暖意效果比较明显。通常，被摄景物的垂直面被大面积照亮，还会留下长长的投影。

日出前和日落后的这一小时左右的时间内，天空在高色温光线的影响下，多数会呈现出蓝紫色调，此时无论拍摄朝霞还是晚霞，都能拍到相当不错的画面效果。由于此时的太阳较低，所以大多数被拍摄景物可以以逆光角度拍摄出漂亮的剪影效果。具体拍摄时应以天空为背景和测光曝光依据，在此基础上再减少1挡曝光补偿，使剪景效果更加突出。

拍摄要点：

（1）在镜头前安装偏振镜，消除天空与雪地的偏振光，得到纯净的画面效果。

（2）增加1挡左右的曝光补偿，可使雪地更加洁白。

（3）将树木与房屋置于画面三分之一处的视觉兴趣点上，这样看起来非常舒服。

```
焦   距 ▷ 19mm
光   圈 ▷ F13
快门速度 ▷ 1/50s
感 光 度 ▷ ISO200
```

▲ 摄影师利用清晨的光线拍摄雪地上的树木，可以看出画面中树木有不错的立体效果

上午与下午的光线

　　日出后一段时间到正午前和正午后到日落前一段时间，称为上午和下午，这段时间内太阳光与地面的角度在15°~ 80°之间，上午和下午的光照非常充足，光质相对柔和，拍摄人像、花卉、微距等题材时广泛应用。

　　上午和下午的光线可以很好地表现画面的明暗反差，还可以将风景中的透视感表现得很好。

▲ 摄影师利用上午的光线拍摄人像，画面中明暗反差小，颜色过渡自然，人物的皮肤质感细腻

焦　　距 ▶ 135mm
光　　圈 ▶ F3.5
快门速度 ▶ 1/400s
感 光 度 ▶ ISO100

中午的光线

　　中午时分，太阳光与地面的角度大致为90°左右，太阳光从上向下几乎以垂直角度照射地面景物，景物的水平面被普遍照明，而垂直面的照明却很少，甚至完全处于阴影中。

　　拍摄照片时要注意的是，强烈的光线可能会导致过强的对比度，这样会使画面显得生硬，阴影部分和高光部分会损失很多细节。这种情况下，最好的办法是寻找另外的拍摄角度，从而改变光照角度，改善光线的对比强度。

　　拍摄经验：中午拍摄时，光线太强会导致看不清液晶显示屏中的照片，建议常备一件薄外套，在浏览照片时，用其盖住头部和相机，这样就可看清照片了。

▲ 利用正午的太阳光拍摄建筑，独特的光影效果所形成的强烈明暗对比，增强了建筑的立体感，洁净的蓝天和白云，对画面气氛也起到了烘托作用

焦　　距 ▶ 24mm
光　　圈 ▶ F8
快门速度 ▶ 1/250s
感 光 度 ▶ ISO100

夜晚的光线

夜间的光线很少，几乎没有，在夜幕的衬托下，可以将城市霓虹闪烁表现得很好。由于光线较暗，拍摄时需要长时间的曝光，为避免杂光进入镜头，尽可能地缩小光圈，这样还可以增加画面的景深范围。拍摄时注意使用三脚架固定相机。

如果拍摄的是城市中的人像，应该注意为人像补光并利用慢速闪光同步的功能，可使背景与人像都得到合适的曝光。

拍摄经验：夜晚利用微弱的光线进行拍摄时，所使用的构图原则与白天并没有什么不同，需要注意的是，不要让明亮的光线或曝光过分的区域出现在照片的边缘处，以免分散观者的注意力。

拍摄要点：

（1）由于夜晚光线较弱，因此曝光时间较长，应使用三脚架来固定相机。

（2）选择天色未全黑时进行拍摄，在画面中纳入天空，可增加画面的美感。

（3）使用ISO200或更低的感光度，以尽量保证画面的质量。

▲ 在夜晚的光线下，通过控制恰当的曝光时间，拍出了平静的水面及建筑物的璀璨效果

焦　　距 ▶ 24mm
光　　圈 ▶ F7
快门速度 ▶ 5s
感 光 度 ▶ ISO200

找到最完美的光线方向

光和影凝聚了摄影的魅力，随着光线投射方向、强度的改变，在物体上产生的光影效果也会随之产生巨大的变化。要捕捉最精妙的光影效果，必须要认识光线的方向对画面效果的影响。

根据光与被摄体之间的位置，光的方向可以划分为：顺光、前侧光、侧光、侧逆光、逆光、顶光。这6种光线有着不同的作用，只有在理解和熟悉的基础之上，才能巧妙精确地运用这些光线位置。

相机拍摄位置

▲ 为了使读者更好地理解光线的方向，我们可以把太阳的光位看作一个表盘，将表放在视线的水平正前方，将人眼作为"相机拍摄位置"，表盘中心的点作为被摄对象，按照示意图中箭头及文字注解，就不难理解太阳的光位了

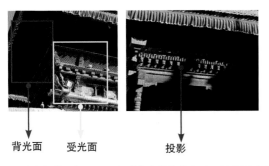

背光面　　受光面　　　　投影

▼ 在晴朗的天气下，下午时的光线非常充足，以前侧光的角度进行拍摄，很好地表现出建筑的立体感

焦　　距 ▷ 24mm
光　　圈 ▷ F3.5
快门速度 ▷ 1/1250s
感 光 度 ▷ ISO640

顺光的特点及拍摄时的注意事项

当光线投射方向与拍摄方向一致时，这时的光即为顺光。

在顺光照射下，景物的色彩饱和度很好，画面通透、颜色亮丽。很多摄影初学者就很喜欢在顺光下拍摄，除了可以很好地拍出颜色亮丽的画面外，因其没有明显的阴影或投影，掌握起来也较容易，使用相机的自动挡就能够拍摄出不错的照片。

但顺光也有不足之处，即在顺光照射下的景物受光均匀，没有明显的阴影或者投影，不利于表现景物的立体感与空间感，画面较平板乏味。因此，无论是拍摄风光还是人像，通常不会采用顺光进行拍摄。

在实际拍摄时，为了弥补顺光立体感、空间感不足的缺点，需要尽可能地运用景深对画面进行虚实处理，使主体景物在画面中表现突出，或通过构图使画面中的明暗配合起来，如以深暗的主体景物配明亮的背景、前景，或反之。

拍摄经验：顺光照射下摄影师背后的建筑投影会进入画面，拍摄时可以将自己的影子巧妙藏到树木或建筑投影中，或者使用中长焦镜头，以免穿帮。

▲ 顺光拍摄的花卉，纹理丰富、清晰

焦　距 ▶ 90mm
光　圈 ▶ F3.2
快门速度 ▶ 1/400s
感 光 度 ▶ ISO200

侧光的特点及拍摄时的注意事项

当光线投射方向与相机拍摄方向呈90°角时，这种光线即为侧光。

侧光是风光摄影中运用较多的一种光线，这种光线非常适合表现物体的层次感和立体感，原因是侧光照射下景物的受光面在画面上构成明亮部分，而背光面形成阴影。

景物处在这种照射条件下，轮廓比较鲜明，且纹理也很清晰，明暗对比明显，立体感强，前后景物的空间感也比较强，因此用这种光源进行拍摄，最易出效果。所以，很多摄影爱好者都用侧光来表现建筑物、大山的立体感。

▲ 将侧光照射形成的投影作为画面构图的一部分，避免了画面单调

焦　　距 ▷ 24mm
光　　圈 ▷ F10
快门速度 ▷ 1/320s
感 光 度 ▷ ISO100

前侧光的特点及拍摄时的注意事项

前侧光就是从被摄景物的前侧方照射过来的光，被摄体的亮光部分约占2/3的面积，阴影暗部约为1/3。

用前侧光拍摄的照片，可使景物大部分处在明亮的光线下，少部分构成阴影，既丰富了画面层次、突出了景物的主体形象，又显得协调，给人以明快的感觉，这时拍摄出来的画面反差适中、不呆板、层次丰富。

需要注意的是，在户外拍摄时，临近中午的太阳照射角度高，会形成高角度前侧光，这种光线反差大，层次欠丰富，使用时要慎重。

▲ 使用前侧光拍摄女孩，小面积的阴影使其五官看起来更加立体

焦　　距 ▷ 21mm
光　　圈 ▷ F11
快门速度 ▷ 1/250s
感 光 度 ▷ ISO200

逆光的特点及拍摄时的注意事项

逆光就是从被摄景物背面照射过来的光，被摄体的正面处于阴影部分，而背面处于受光面。

在逆光下拍摄的景物，被摄主体会因为曝光不足而失去细节，但轮廓线条却会十分清晰地表现出来，从而产生漂亮的剪影效果。

拍摄时要注意以下3点：

（1）如果希望被拍摄的对象仍然能够表现出一定的细节，应该进行补光，使被拍摄对象与背景的反差不那么强烈，形成半剪影的效果，画面层次更丰富，形式美感更强。

（2）在逆光拍摄时，需要特别注意在某些情况下强烈的光线进入镜头会形成眩光。因此，拍摄时应该通过调整拍摄角度或使用遮光罩来避免光斑。

（3）在逆光条件下拍摄时，通常测光位置选择在背景相对明亮的位置上。拍摄时，先切换为点测光模式，用中央对焦点对准要测光的位置，取得曝光参数组合；然后，按下曝光锁定按钮AEL锁定曝光参数；最后再重新构图、对焦、拍摄。

▲ 夕阳西下，天空中还存留一抹霞光，此时对天空测光，再进行拍摄得到了半剪影效果的建筑

焦　　距 ▶ 17mm
光　　圈 ▶ F7.1
快门速度 ▶ 1/800s
感 光 度 ▶ ISO100

侧逆光的特点及拍摄时的注意事项

侧逆光是从被摄体的后侧面射来的光线，既有侧光效果又有逆光效果。

不同于逆光在被摄体四周都有轮廓光，侧逆光只在其四周的大部分有轮廓光，被摄体的受光面要比逆光照明下的受光面多。侧逆光的角度对被拍摄物体的影响力比较大，拍摄时应该让被拍摄物体轮廓特征比较明显的一面尽可能多地朝向光源，使景物出现受光面、阴影面和投影，以更好地表现被拍摄对象的轮廓美感与立体形态。

使用这种光线拍摄人像时，一定要注意补光，使模特的身体既有侧逆光形成的明亮轮廓，正面形象又能够正常的表现出来。

焦　　距 ▶ 40mm
光　　圈 ▶ F5
快门速度 ▶ 1/250s
感 光 度 ▶ ISO200

▶ 侧逆光角度拍摄雕像，光影在古老韵味之上增加了立体感的同时也增添了神秘的魅力

利用光线塑造不同的画面影调

高调画面的特点及拍摄时的注意事项

高调是指画面的80%以上为白色或浅灰，以大面积亮调为主的画面。

高调给人以明朗、纯净、清秀、淡雅、愉悦、轻盈、优美、纯洁之感。

在风光摄影中高调常适合表现秀丽、宁静的自然风光，如雪地、沙漠、云海、烟雾、雨后的山川风光等。在人像摄影中，常用于表现女性及儿童等题材。

在拍摄高调画面时，应该保证包括主体和背景在内的区域都应该是浅色调；用光方面，由于需要制造小光比，减少物体的阴影，形成以大面积白色和浅灰为主的基调，因此应该选择正面光或散射光，比如多云或阴天的自然光。

需要注意的是，画面中除了大面积的白色和浅灰外，还必须保留少量黑色或其他鲜艳的颜色如红色，这些颜色恰恰是高调照片的重点，起到画龙点睛的作用。这些面积很小的深色调，在大面积淡色调的衬托与对比下，才使整个画面有了视觉重点，引起观者的注意，同时避免了因为缺少深色后，高调很容易产生苍白无力感的问题。

拍摄经验：拍摄高调人像时，模特应该穿白色或其他浅色的服装，背景也应该选择相匹配的浅色，并在顺光的环境下拍摄，这样利于画面的表现。阴天时，环境以散射光为主，此时先使用光圈优先模式（A挡）对模特进行测光，然后再切换至手动模式（M挡）降低快门速度以提高画面的曝光量，当然，也可以根据实际情况，在光圈优先模式（A挡）下适当增加曝光补偿的数值，以提亮整个画面。

▼ 以白衣女孩为主体，以白色建筑为环境，画面自然地形成高调画面，给人以纯洁、神圣的感受。建筑边缘的蓝色，以及棕色的维尼熊，很好地丰富了画面的色彩

焦　　距 ▷ 17mm
光　　圈 ▷ F4
快门速度 ▷ 1/100s
感 光 度 ▷ ISO500

低调画面的特点及拍摄时的注意事项

低调画面的80%以上为黑色和深灰，常用于表现严肃、淳朴、厚重、神秘的摄影题材，给人以神秘、深沉、倔强、稳重、粗放的感觉。

拍摄低调画面时，构图方面要注意保证深暗色的拍摄对象占画面的大部分面积；用光方面，应该使用大光比的光线，因此逆光和侧逆光是比较理想的光源。这类光线下不仅可以将被摄物体隐没在黑暗中，同时可以勾勒出被摄体的轮廓。

另外，还要注意通过构图让画面出现少量的亮色，使画面沉而不闷，在总体的深暗色氛围下呈现生机，同时避免低调画面由于没有亮色而显得灰暗无神的问题。

▲ 在傍晚时分拍摄的桥梁画面给人一种严肃、深沉、神秘的气氛，表现为明显的低调效果

焦　　距 ▶ 24mm
光　　圈 ▶ F5.6
快门速度 ▶ 1/80s
感 光 度 ▶ ISO400

中间调画面的特点及拍摄时的注意事项

中间调是指没有大面积黑、白色调，而以中间灰调为主的画面。

中间调照片的画面色彩丰富，色调转变缓慢，反差较小，影调柔和，非常适合表现风光摄影。

在拍摄时，需要特别注意：中间调的画面中需要少量的黑和白进行对比、陪衬，否则画面就会显得单调，缺乏生气。但在取景构图时不要使黑、白色占画面的大面积区域，当然这也不代表要使用大面积灰色。

▲ 画面色彩丰富、影调柔和，是一幅不错的中间调秋季美景

焦　　距 ▶ 44mm
光　　圈 ▶ F16
快门速度 ▶ 1/100s
感 光 度 ▶ ISO100

第9章

光影运用技巧

用光线表现细腻、柔软、温婉的感觉

通常，在表现女性、儿童、布艺、纱艺等类型的题材时，要求整个画面的影调、层次与主题配合起来，使画面的主题与形式相契合，这样的画面的影调较柔和，因此也称为柔调画面。

要使画面展现细腻、柔软、温婉的感觉，要求整体画面的明暗反差和对比较弱，光比较小，中间影调层次较多，因此应该使用散射光来进行拍摄。

如前所述，散射光一般可以分为两种类型：

一种是在自然光照的条件下自身形成的散射光，它是一种不由拍摄者的主观愿望所决定，但是可以进行充分利用的光线。比如在阴天或是云层很厚的天气下，或是在有雾的时刻及在日出以前、日落以后的自然光线。因此，在户外拍摄时，要选择正确的拍摄时间与天气，以获得柔和的散射光。

另外一种是由人工所控制、生成的散射光，如经大型的柔光箱过滤后的光线，通过反光伞或是其他柔光材料柔化后的光线。由于人造光的光效是可控的，因此，拍摄时只需要善于利用照明设备即可。

焦　　距 ▶ 45mm
光　　圈 ▶ F2.8
快门速度 ▶ 1/500s
感 光 度 ▶ ISO100

▲ 采用散射光拍摄的这张人像作品，画面清新自然，人物皮肤也呈现出细腻、柔嫩的感觉

拍摄要点：

（1）摄影师需要盘坐或俯卧在地上，以使用与人物水平的视角进行拍摄，使画面看起来更加自然、生动。

（2）使用点测光模式对人物的面部皮肤进行测光，然后按下AEL按钮以锁定曝光，再进行构图、对焦、拍摄。

用光线表现出坚硬、明快、光洁的感觉

在常见的拍摄题材中，有不少题材要表现坚硬、明快、光洁的感觉，例如，金属水龙头、手表、表面光洁的瓷器、电子产品、汽车、山脉等。

这类题材一般拍摄出来的画面大多明暗反差大、对比强烈、影调层次不够丰富，主要保留两极影调而舍去中间影调，画面具有硬朗、豪放、粗犷等戏剧化的感情色彩，因此也称为硬调画面。

在拍摄时通常要选择强烈的直射光，可以是户外晴朗天气条件下的太阳光线，也可以是影棚内由聚射效果的照明灯所发出的光线，或是在一般的照明灯光前，放上集光镜、束光筒之类形成的光线。

拍摄要点：

（1）选择在晴天空气状况较好的情况下拍摄，可拍出干净的画面效果。

（2）选择侧光角度，利用强烈的明暗对比突出树干的立体感。

（3）使用偏振镜过滤环境中的杂光，使画面的色彩更为纯净。

▲ 采用直射光拍摄古老的树干，以蓝天作为背景，画面看起来非常明快、简洁

焦　　距 ▶ 20mm
光　　圈 ▶ F13
快门速度 ▶ 1/125s
感 光 度 ▶ ISO100

用光线表现出气氛

在摄影中，可以利用光线的变化来制造特定的气氛，给人以亲临其境的感受。

无论是人造光还是自然光，都是营造画面气氛的第一选择。尤其是自然界的光线，当晴空万里时，拍摄出来的画面给人神清气爽的感觉；当乌云密布时，拍出来的画面给人压抑、沉闷的感觉。特殊效果的光线往往需要长时间的等待与快速抓拍的技巧，否则可能会一闪而逝。

比起自然界的光线而言，人造光的可控性就强了许多，少了许多可遇而不可求的无奈，只要能够灵活运用各类灯具，就可根据需要营造出神秘、明朗、灯红酒绿或热烈的画面气氛。

拍摄要点：

（1）选择暗背景以突出光线的线条感。

（2）雾天拍摄时，可选择侧光角度以突出光线的线条感。

（3）设置白平衡为"阴影"模式，使画面中的暖调效果更为强烈。

▲ 在暖调光线的笼罩下，氤氲的雾气增加了画面神秘的气氛，营造出一种华丽的视觉效果

焦　　距 ▶ 105mm
光　　圈 ▶ F4
快门速度 ▶ 1/200s
感 光 度 ▶ ISO400

用光线表现出物体的立体感

光线会影响物体立体感的表现，能够在物体表面产生受光面、阴影面，如果一个物体在画面上具备了这几个面，它就具备了"多面性"，我们能直接感受到它的形体结构。

侧光、斜侧光更适用于这种立体表现，因为它能使被摄物体有受光面、阴影面、投影，影调层次丰富且具有明确的立体感。

另外被摄体的背景状况也影响物体立体感的表现。如果被摄体同背景的影调、色彩一致，缺乏明显的对比，不利于表现立体感。只有被摄体与背景形成对比，才能突出立体感。

拍摄经验：在拍摄雪景时，由于雪本身具有较强的反光特性，对相机的测光系统有较大的影响，因为明亮的白雪反光会使相机的测光系统认为测光对象非常明亮，从而以更高的快门速度或更小的光圈进行拍摄，以获得相机认为"正确"的曝光结果。而实际上，白雪没有相机认为的那么明亮，因此，通常都需要适当增加1挡左右的曝光补偿，使其能够表现出洁白、干净的特点。

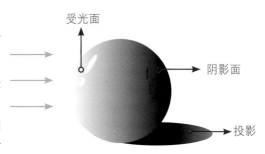

受光面　阴影面　投影

▲ 侧光最能突显景物的立体感

▼ 在晴朗的光线照射下，光比很大，画面中阴影区域较为浓厚，从而表现出非常强烈的立体感

焦　距　55mm
光　圈　F8
快门速度　1/160s
感光度　ISO100

用光线表现出物体的质感

光线的照射方向不仅影响了画面的立体感觉，还对物体的质感有根本性的影响。被拍摄对象质感的强弱，很大程度上取决于光线对被摄体表面的照明质量和方向。

首选光线——前侧光

前侧光属于侧光的一种，它又分为左前侧光和右前侧光，照射方向位于照相机的左侧或者右侧，与照相机的光轴成45°左右的角。采用前侧光拍摄，能够对被摄体形成明显的立体感，且影调丰富，色调明快。前侧光是一种比较富于表现力，也比较常用的光位。

次选光线——侧光

侧光能很好地表现被摄体的质感。这是因为在侧光照明下，物体的光影鲜明、强烈，表面细小的起伏都会得到准确体现，对表现物体的表面结构非常有利。

▲ 浪花溅起，礁石在侧光光线的照射下质感、立体感突显

焦　　距 ▶ 35mm
光　　圈 ▶ F8
快门速度 ▶ 1/5s
感 光 度 ▶ ISO200

用局域光表现出光影斑驳的效果

所谓局域光，是指画面拍摄对象未受到均匀光照，一部分拍摄对象直接受到较强的光线照射，一部分拍摄对象则处于阴影之中，依靠漫射光照明。这种光线能够让景物产生明与暗的变化，形成强烈的光比反差，使主体更加突出，视觉效果更加强烈。

局域光的几种类型

（1）多云天气条件下，云彩遮挡了部分光线，使地面景物出现斑驳投影，构成局域光，拍摄时最好选择合适的制高点，从高处往低处俯拍。

（2）光线从茂密的枝叶缝隙透射而入，投下一块块不规则的光照区域。

（3）当早晚太阳位置较低时，光线斜照在高山下或深谷中也能形成局域光场景。

（4）在村巷、胡同中，当高大的墙体遮挡阳光时，会形成明显的局域光照效果。

（5）窗户透过来的光线会在室内形成小区域照亮效果。此时要注意的是，如果被摄主体在门窗前面，应该将镜头对准门窗方向，以室外的亮度为准进行曝光。

（6）在室内进行的各种比赛或表演中，如果场景的整体亮度较低，当射灯随着主角移动时，也会形成局域光照射效果。

▲ 摄影师通过特殊的取景角度，使大部分太阳光被建筑所遮挡，从而形成局域光，照射在人物背后，得到漂亮的轮廓光效果

焦　　距 ▶ 45mm
光　　圈 ▶ F4.5
快门速度 ▶ 1/400s
感 光 度 ▶ ISO640

局域光拍摄手法

在室外摄影时，局域光的出现与太阳、云雾等天气变化因素密切相关，并随着天气的变化而变化，因此，拍摄时要提前观察，等到区域光照射到合适的位置上时迅速按下快门。

拍摄时还要注意以下几个拍摄技法：

（1）使用点测光模式，并以受光区域的主体高光部分作为曝光依据，而不以阴影部位的光亮作为参照标准，以避免高光亮度区域曝光过度。

（2）适当进行曝光补偿，由于相机的自动测光系统只能满足基本拍摄，而局域光照射的场景光线较大，明暗对比突出，因此通常需要进行曝光补偿以弥补相机自动曝光的不足。

（3）关注色彩变化。利用局域光拍摄时，阴暗部分或者单色区域的色彩往往会出现戏剧化的视觉变化，如利用中午的顶光拍摄山谷时，山体会变成灰蓝色。因此拍摄时要对实际情况和自己的需要，灵活地选择白平衡模式，而不宜简单选择"自动白平衡"。

▲ 局域光示意图

拍摄要点：

（1）使用点测光模式，对画面中较亮处进行测光，并适当降低0.7挡左右的曝光补偿，以突出树林的剪影效果。

（2）设置小光圈，得到星芒状效果的太阳。

（3）使用镜头的广角端纳入较多的景物，并使光线的放射效果更加明显。

（4）由于曝光时间较长，应使用三脚架来固定相机。

焦　　距 ▶ 35mm
光　　圈 ▶ F22
快门速度 ▶ 10s
感 光 度 ▶ ISO100

◀ 树林中放射性的光芒表现非常突出，为普通的树林画面增添了神圣的气氛

第10章

成为摄影高手必修美学之色彩

光线与色彩

对人而言，色彩其实是一种视觉感受，当光线投射到物体上时，一部分光线被物体吸收，另一部分光线被物体反射回来，并经由人的视神经传递至大脑， 形成物体的色彩印象。之所以不同物体会呈现出不同的色彩，正是因为这些物体反射了不同的光线。例如，红苹果反射红色的光线，天空中的微粒反射了蓝色、青色的光线，因此，在人的眼中苹果是红色的、天空是蓝色的。由此可知，没有光就没有色彩。也就不难理解，为什么摄影艺术被称为光线的艺术。

▲ 在太阳光的影响下，画面上下部分色彩偏冷，中间靠近太阳的部分则偏暖

焦　　距 ▷ 18mm
光　　圈 ▷ F8
快门速度 ▷ 1/20s
感 光 度 ▷ ISO200

曝光量与色彩

除了光线本身会影响景物的色彩，曝光量也能影响照片中的色彩。

例如，当拍摄现场的光照强烈，画面色彩缤纷复杂，就可以尝试采用过度曝光和曝光不足的方式，使画面的色彩发生变化，比如过度曝光会使画面的色彩变得相对淡雅一些；而如果采用曝光不足的手法，则会让画面的色彩变得相对凝重、深沉。

这种拍摄手法就像绘画时在颜色中添加了白色和黑色，从而改变原色彩的饱和度、亮度，进而起到调和画面色彩的作用。

▲ 左图由于曝光过度花朵亮部颜色发白，右图属正常曝光，亮部颜色表现准确

确立画面色彩的基调

　　画面的基调就是指画面应该有一个统一的基本颜色，别的颜色占据的面积都应该小于这个基础颜色。例如以海为背景的照片基调是蓝色，以沙漠主题的照片基调是金黄色，以森林为主题的照片基调是绿色，如果拍摄的是太阳，则画面的基调是黄色或红色。

　　认识基调的意义在于，摄影师应该根据需要采用构图、用光手段，为自己的照片塑造基调。例如，拍摄冬日的白雪画面通常是银灰或白色，但如果采取仰视的手法拍摄树上的白雪，则可以形成蓝色的基调。

　　需要注意的是，照片的基调色彩虽然在画面中的面积较大，但可能只是背景和环境的色彩，而主体的色彩虽然在画面中面积较少，却可能是照片的视觉重心，是照片中的兴趣点。

焦　　距　55mm
光　　圈　F11
快门速度　1/500s
感光度　ISO200

▲ 利用傍晚的低色温拍摄出暖调画面，对画面的主体起到衬托作用，表现出游人们热情、开心的氛围

拍摄要点：

　　（1）将人物与船只的剪影置于左下方的黄金分割点上，使画面的视觉更趋于自然、和谐。

　　（2）设置"阴影"白平衡，以强化夕阳时分的暖调色彩，加上明亮的太阳，让画面显得明暗搭配得当，且生动、温暖。

　　（3）使用单个对焦点对剪影周围的明暗交接处进行对焦，以提高对焦的成功率与精准度。

运用对比色

在色彩圆环上位于相对位置的色彩，即对比色。一幅照片中，如果具有对比效果的色彩同时出现，会使画面产生强烈的色彩表现效果，其紧张生动和戏剧性的效果常给人留下深刻的印象。

因此在摄影中，通过色彩对比来突出主体是最常用的手法之一。无论是利用天然的、人工布置的或通过后期软件进行修饰的方法，都可以获得明显的色彩对比效果，从而突出主体对象。

在对比色搭配中，最明显也最常用到的就是冷暖对比。一般来说，在画面里暖色会给人向前的感觉，冷色则有后退的感觉，这两者结合在一起就会有纵深感，并使画面更具视觉冲击力。

在同一个画面中使用对比色时，一定要注意如果使画面中每种对比色平均分配画面，非但达不到使画面引人瞩目的效果，还会由于对比色相互抵消，使画面更加不突出。

▲ 以绿色作为画面背景，红色的荷花苞则格外吸人眼球

焦　　距 ▶ 300mm
光　　圈 ▶ F5
快门速度 ▶ 1/500s
感 光 度 ▶ ISO160

运用相邻色使画面协调有序

在色环上临近的色彩相互配合，如红、橙、橙黄，蓝、青、蓝绿，红、品红、紫，绿、黄绿、黄等色彩的相互配合，由于它们反射的色光波长比较接近，不至于明显引起视觉上的跳动，所以它们相互配置在一起时，没有强烈的视觉对比效果，而且会显得和谐、协调，给人以平缓与舒展的感觉。

可以看出，相邻色构成的画面较为协调、统一，却很难给观赏者带来较为强烈的视觉冲击力，这时可依靠景物独特的形态或精彩的光线为画面增添视觉冲击力。大部分情况下，对相邻色构成的景象进行拍摄，还是可以获得较为理想的画面效果的。

▲ 画面中呈现出逐渐过渡的多种暖色，使画面整体色调看起来十分协调、统一

焦　　距 ▶ 35mm
光　　圈 ▶ F20
快门速度 ▶ 1/2s
感 光 度 ▶ ISO100

画面色彩对画面感情性的影响

自然界中不同的色彩，能给人以不同的感受与联想。例如，当看到早晨的太阳，有温暖、兴奋、希望与活跃的感觉，因此以红色为主色调的画面也就很容易使人们产生振奋的情感，但由于血液也是红色，因此红色又能够给人恐怖的感觉。同理，绿色能使人产生一种清新、淡雅的情感，由于霉菌、苔藓也是绿色，因此绿色有时也会给人不洁净的感觉。

人们把这种对色彩的感觉所引起的情感上的联想，称为"色彩的感情"。色彩的感情是从生活中的经验积累而来的，由于国家、民族、风俗习惯、文化程度和个人艺术修养的不同，不同的人对色彩的喜爱可能有所差异。

如中国皇家专用色彩为黄色；罗马天主教主教穿红衣，教皇用白色；伊斯兰教偏爱绿色；喇嘛教推崇正黄；白色在中国传统中为丧服，大红才是婚礼服色彩，而欧洲以白色为主要婚礼服色彩；中国人不太喜欢黑色，而日耳曼民族却深爱黑色。

了解画面色彩是如何影响观众情感的，有助于摄影师根据画面的主题，使用一定的摄影技巧，让画面的色彩与主题更好地契合起来。例如，可以设置不同的白平衡，使画面偏冷或偏暖；或者选择不同的环境，利用环境色来影响整体画面的色彩。如果拍摄的是人像题材，还可以利用带有颜色的反光板来改变画面的色彩。

焦　距▶135mm
光　圈▶F2.8
快门速度▶1/640s
感光度▶ISO100

▲ 画面以白色、绿色、黄色为主，在观看时给人以恬静、淡雅之感

拍摄经验：摄影助理在扬起婚纱后，需快速闪出画面，以避免被拍到。而摄影师则应该采用连拍的方式保证婚纱扬起时，能够拍摄到飘逸、美感的瞬间。

画面色彩对画面轻重进退的影响

生活经验告诉我们，质量轻的物体看起来多是浅色的，如白云、烟雾、大气；而沉重的物体多半是深色的，如钢铁、岩石等。因此我们很容易以这种生活经验来看待画面中色彩的轻重感。通常，画面中颜色较淡、较浅的对象往往被认为更轻、更远，而颜色较深的对象，则被认为更重、更近。

与此类似的是颜色的进退感，相同距离上暖色看上去比冷色显得近，实际上这也是人类的生活经验得来的，因为室外远处的景物看上去总是带有蓝青的调子，所以当我们看到蓝色、青色等冷色时，会产生距我们较远的错觉，而红色、橙色、黄色则显得较近，因此暖调也被称为"前进色"。

了解了色彩与画面的轻、重、进、退之间的关系后，在摄影时就能够更加有技巧地运用色彩来表现画面的主题。例如，可以在大面积的轻色中用小块重色求得视觉均衡，让小块重色所代表的形象有近在眼前的感觉。又如，可以将冷色调安排为画面的背景色来衬托暖调的主体，使画面更有空间感。

拍摄要点：

（1）由于环境中的光比较大，且暗部较多，为了尽可能多地表现出景物的暗部细节，可适当让受光处出现一定的曝光过度，以避免受光处曝光正常时，暗部过于昏暗，影响画面的表现。

（2）使用点测光模式，对中间调区域进行测光，并适当调整曝光补偿，使受光处稍微曝光过度，同时还能够表现出暗部的细节。

（3）使用"荧光灯"白平衡，或设置相近数值的色温，可较好地表现出画面的蓝紫色。

▼ 大面积的深色让画面显得厚重、沉稳，少量受阳光直射的区域很好地平衡了画面的亮度

焦　　距▶18mm
光　　圈▶F11
快门速度▶1/125s
感 光 度▶ISO200

第11章

风光摄影

风光摄影的器材运用技巧

稳定为先

在进行风光摄影时，为了得到较大的景深范围和细腻的画质，通常使用低感光度和小光圈，这样一来，曝光的时间就会相应延长，在这种情况下，如果继续手持拍摄，势必会影响成像的质量。所以，准备一个合适的脚架是很有必要的。

但对于初上手学习摄影的摄友而言，不建议携带脚架，因为在这个阶段进行拍摄的最大任务是多找角度、多拍，从大量拍摄中找到感觉，拍摄的目的是用数量换质量，而使用脚架会降低移动的灵活性，从而降低拍摄数量。但对于摄影高手而言，由于对照片构图、用光、画质等方面要求更高，并不会追求拍摄的数量，因此通常要带脚架提高拍摄质量。

知识链接：脚架类型及构成

脚架是最常用的摄影配件之一，使用它可以让相机变得稳定，以保证长时间曝光的情况下也能够拍摄出清晰的照片。根据脚架的造型可将其分为独脚架与三脚架两种。

三脚架稳定性好，在配合快门线、遥控器的情况下，可实现完全脱机拍摄。

独脚架的稳定性能要弱于三脚架，且需要摄影师来控制独脚架的稳定性，但由于其体积和重量都只有三脚架的1/3，因此携带方便、操作简便。

使用独脚架辅助拍摄时，一般可以在安全快门的基础上放慢3挡左右的快门速度，比如安全快门速度为1/150s时，使用独脚架可以在1/20s左右的快门速度下进行拍摄。

▲ 只有一根脚管的独脚架没有三足鼎立的三脚架那么稳定，因此独脚架不适于长时间曝光，但适合于拍摄体育运动、音乐会、野生动物、山景等各种需要抓拍的题材

▲ 清晨时分拍摄梯田，此时的光照并不十分充足，为了能够获得清晰的画面和优秀的画质，使用三脚架是十分必要的。画面中雾气弥漫在梯田上空，田中反射着金色的阳光，仿佛仙境一般

焦　距 ▶ 58mm
光　圈 ▶ F16
快门速度 ▶ 1/60s
感光度 ▶ ISO100

云台

三维云台：能够承受较大的重量，在水平、仰俯和竖拍时都非常稳定，每个拍摄定位都能牢固锁定

球形云台：松开云台的旋钮后，可以任意方向自由活动，而锁紧旋钮后，所有方向都会锁紧，操作起来方便快捷，体积较小容易携带

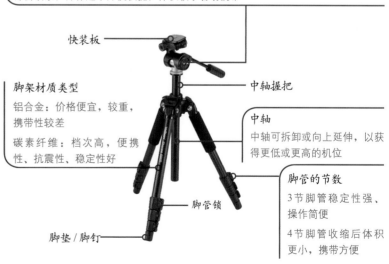

快装板

脚架材质类型

铝合金：价格便宜，较重，携带性较差

碳素纤维：档次高，便携性、抗震性、稳定性好

中轴握把

中轴
中轴可拆卸或向上延伸，以获得更低或更高的机位

脚管的节数
3节脚管稳定性强、操作简便

4节脚管收缩后体积更小，携带方便

脚管锁

脚垫 / 脚钉

偏振镜在风光摄影中的使用

偏振镜也叫偏光镜或PL镜，主要用于消除或减少物体表面的反光。在风景摄影中，如果希望减弱水面的反光、获得浓郁的色彩，或者希望拍摄出湛蓝的天空，都可以使用偏振镜。

另外，许多日常看到的景物表面都有反射光现象，如玻璃、树叶等，使用偏振镜拍摄这些景物，可以消除反射光中的偏振光，以降低其对景物色彩的影响，提高景物的色彩饱和度，使画面中的景物看上去更鲜艳。

▲ 偏振镜的使用让天空和树木的颜色都更加亮丽

焦　　距 ▶ 26mm
光　　圈 ▶ F11
快门速度 ▶ 1/125s
感 光 度 ▶ ISO100

知识链接：偏振镜及其使用方法

偏振镜分为线偏和圆偏两种，应选择有"CPL"标志的圆偏振镜，因为在数码单反相机上使用线偏振镜容易影响测光和对焦。

怎样使用偏振镜？

偏振镜效果最佳的角度是镜头光轴与太阳呈90°时，在拍摄时可以如右图所示，将食指指向太阳，大拇指与食指呈90°，而与大拇指呈180°的方向则是偏光带，在这个方向拍摄可以使偏振镜效果发挥到极致。

如果相机与光线的夹角在0°左右，偏振镜就基本没有效果。换言之，在侧光拍摄时使用偏振镜效果最佳，而顺光和逆光时则几乎没有效果。

如何调整偏振镜的强度？

使用偏振镜时，可以旋转其调节环选择不同的强度，旋转时在取景器中可以看到色彩上的变化。同时需要注意的是，使用偏振镜后会阻碍光线的进入，大约相当于2挡光圈的进光量，因此偏振镜也能够在一定程度上作为阻光镜使用，降低快门速度。

▲ 肯高 67mm C-PL（W）偏振镜

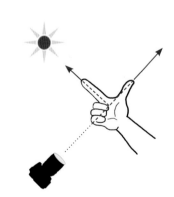

用中灰渐变镜降低明暗反差

逆光拍摄天空时，地面与天空的亮度反差会很大，此时如果以地面的风景测光进行拍摄，天空会曝光过度甚至变成白色，而针对天空进行测光，地面又会由于曝光不足非常阴暗。

为了避免这种情况，拍摄时应该使用中灰渐变滤镜，并将渐变镜上较暗的一侧安排在画面中天空的部分，以缩小天空、地面的亮度差异，拍摄出天空与地面均曝光正确的风景摄影作品。

中灰渐变镜是风光摄影的必备器材之一，笔者强烈建议各位希望拍摄出漂亮风景摄影作品的读者购买。

知识链接：渐变镜及其类型

渐变镜在色彩上有很多选择，如蓝色、茶色、日落色等。在所有的渐变镜中，最常用的应该是渐变灰镜了，它可以在深色端减少进入相机的光线。通过调整渐变镜的角度，将深色端覆盖天空，可以在保证浅色端图像曝光正常的情况下，使天空中的云彩具有很好的层次。

在形状方面，渐变镜分为圆形和方形两种。其中，圆形渐变镜是安装在镜头上的，但由于渐变位置不便调节，因此使用起来并不方便。使用方形渐变镜时，需要买一个支架装在镜头前面才可以把滤镜装上，其优点是可以根据构图的需要调整渐变的位置。

▲ 方形渐变镜

▲ 圆形渐变镜

未使用渐变镜

▲ 未使用中灰渐变镜拍摄，由于天空与地面反差较大，出现了天空曝光过度、地面曝光正常的情况

▲中灰渐变镜在场景中使用时示意图

使用方形渐变镜

▲ 使用方形中灰渐变镜拍摄，可以灵活地倾斜或上下移动渐变镜，使画面的明暗过渡更加自然，天空与地面的曝光都正常

用摇黑卡的技巧拍摄大光比场景

在拍摄风光时，经常会遇到光比较大的场景，如日出、日落。此时，天空与地面的景物明暗反差很大，两者之间的亮度等级相差往往超过 **4** 级或 **5** 级。在这种大光比场景中拍摄时，如果针对较亮的区域（如天空）进行测光并曝光，则较暗的地面景物会由于曝光不足而成为黑色剪影；反之，如果根据较暗的地面景物进行测光并曝光，则较亮的天空会由于曝光过度成为无细节的白色。

要拍摄这种场景，除了可以使用中灰渐变镜平衡光比外，还可以采用摇黑卡的方法进行拍摄，具体方法如下所述。

1.使用三脚架固定相机，调整画面构图，确保画面中水平线水平。

2.将曝光模式设置为B门（以灵活控制曝光时间），为了获得更大的景深，建议光圈设置在F14~F22之间。

3.使用点测光模式对天空进行测光，得到使天空区域正确曝光所需的曝光时间（在此假设为2s）。再对地面进行测光，以得到使较暗的地面景物正确曝光所需的曝光时间（在此假设为6s）。

4.使用自由点对焦模式将对焦点位置设置在画面中较远的景物上，然后切换为手动对焦，以确保对焦点不会再因其他因素而改变。

5.将黑卡紧贴镜头，遮挡住较亮的天空，并通过取景器查看黑卡是否正确遮挡住了天空区域。

6.使用快门线锁定快门开始拍摄。

7.上下小幅度轻微晃动黑卡，并在心中默数4s（地面正常曝光的时间6s减去天空正常曝光的时间2s），然后迅速拿开黑卡，让整个画面再继续曝光2s。

8.释放快门按钮结束曝光。

▲ 使用黑卡有齿的一面在天空处来回晃动，可减少天空部位的进光量，缩小天空与地面的明暗差距，得到曝光合适的画面

焦　　距 ▶ 14mm
光　　圈 ▶ F16
快门速度 ▶ 5s
感 光 度 ▶ ISO200

知识链接：怎样制作并使用黑卡

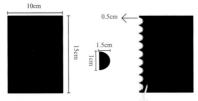

第❶步：准备一张材质较硬且不反光的黑色长方形卡纸，大小以可以遮挡住镜头即可。

第❷步：测量出卡纸的长边尺寸，每隔0.5cm 剪 1 个 1.5cm×1cm 的半椭圆形，平均分成多个。

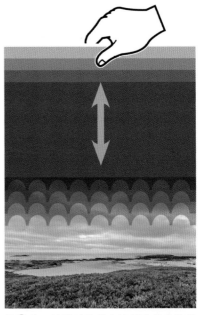

第❸步：拍摄时将黑卡遮挡住较亮的天空，不断上下（小范围）轻微晃动黑卡。

拍摄经验： 在拍摄时不断上下晃动黑卡是为了使被遮挡区域与未被遮挡区域之间出现柔和的过渡。如果在拍摄时未持续晃动黑卡，则有可能导致天空与地面的景物之间出现一条明显的分界线，画面显得生硬、不自然。

不同焦距镜头在风光摄影中的空间感比较

不同焦距的镜头有不同的视角、拍摄范围、影像放大率和空间深度感，一个成熟的风光摄彩师要熟知各种不同焦距镜头的成像特点，才能面对不同的拍摄场景时驾轻就熟，拍摄出具有艺术水准的作品。

广角镜头

广角镜头由于视角宽，可以容纳更多的环境，故而给人以强烈的透视感受。拍摄风光片时，广角镜头是最佳选择之一，利用广角镜头强烈的透视感可以突出画面的纵深感，因此广角镜头常用来表现花海、山脉、海面、湖面等需要宽广的视角展示整体气势的摄影主题。

拍摄时，可在画面中引入线条、色块等元素，以便充分发挥广角镜头的线条拉伸作用，增强画面的透视感，同时利用前景、远景的对比来突出画面的空间感。

▲ 使用广角镜头结合小光圈进行拍摄，得到的画面中流水、绿树、山脉都表现得很清晰

焦　　距 ▶ 20mm
光　　圈 ▶ F16
快门速度 ▶ 1/30s
感 光 度 ▶ ISO100

广角镜头推荐
E PZ 16-50mm F3.5-5.6 OSS

中焦镜头

一般来说，35-135mm焦段都可以称为中焦，其中50mm、85mm镜头是常用的中焦镜头。中焦镜头的特点是镜头的畸变相对较小，能够较真实地还原拍摄对象。

虽然中焦镜头又被称为"人像镜头"，多用于人像拍摄，但这并不代表中焦镜头不能拍摄风景。

使用中焦镜头拍摄风景最大的优点，就是画面真实、自然，能够给观赏者最舒适的视觉感受。

▲ 利用中焦镜头压缩透视效果来拍摄花卉，使花丛中的花朵显得更加繁密，渲染出热闹、繁盛的画面气氛

焦　　距 ▷ 50mm
光　　圈 ▷ F3.5
快门速度 ▷ 1/200s
感 光 度 ▷ ISO100

中焦镜头推荐

E 50mm F1.8 OSS

长焦镜头

长焦镜头也叫远摄镜头，具有望远的功能，能拍摄距离较远、体积较小的景物。在风光摄影中，经常使用长焦镜头将远距离的山脉、花朵拉近拍摄，或者利用长焦镜头压缩画面以突出某个主体，如山石、树木、花朵等。

长焦镜头的特点大致有以下几点。

（1）景物的空间范围小。由于镜头焦距长、视角小，拍摄的画面所反映的景物空间范围比较小，因此长焦镜头适合拍摄近景及特写景别的画面。

（2）画面的景深浅。当光圈大小与拍摄距离不变时下，景深与焦距成反比，因此使用长焦镜头拍摄时，画面的景深较浅。这就要求摄影师在对焦时要确保准确。

（3）由于远处景物的画面尺寸被放大，使前后景物的纵深比例变小，画面空间感明显变弱，这与广角镜头能加大空间距离，夸张表现近大远小的透视效果完全不同。因此，长焦镜头更适合于表现紧凑或拥挤的画面效果。

▲ 使用200mm的焦距拍摄溪流的局部小景，长时间曝光使溪流呈现出漂亮的白丝状效果

焦　　距 ▷ 200mm
光　　圈 ▷ F16
快门速度 ▷ 5s
感 光 度 ▷ ISO100

长焦镜头推荐

E 18-200mm F3.5-6.3 OSS

风光摄影中逆光运用技巧

在风光摄影中，无论是清晨还是黄昏，均是公认的最佳摄影时间，但在这两个时间段进行拍摄时，光线均以逆光为主，因此掌握好逆光运用技巧就变得很重要。

逆光按光线角度变化和拍摄角度的不同，一般可分为三种形式：

（1）正逆光：光源置于被摄体的正后方，有时光源、被摄体和镜头几乎在一条直线上。

（2）侧逆光：光源置于被摄体的侧后方，同拍摄轴线构成一定角度，拍摄时光源一般不出现在画面中。

（3）高逆光：有时也称"顶逆光"，光源在被摄体后上方或侧后上方，一般在被摄体边缘成比较宽的轮廓光条。

逆光摄影具有极强的艺术表现力，深受摄影者喜爱。在风光摄影中要拍出好的逆光作品，对光线的把握至关重要。掌握最佳拍摄时机，合理运用逆光，扬长避短，才能使逆光在风光摄影中得到更好的利用。

妥善处理亮暗光比，明确表现重点

逆光拍摄方法和顺光拍摄完全相反。逆光画面具有大面积的阴影区，因此影调偏暗，拍摄对象能够在画面中呈现出明显的明暗关系。当在被摄对象前面有其他光线时，会与其背后的光线产生一个强烈的光比。为明确表现拍摄的重点，并保证被摄对象细腻的质感和影调层次的表现，通常需要通过控制曝光量来舍去画面中并非重点部分的质感和影调层次。

焦　　距：26mm
光　　圈：F4.5
快门速度：1/800s
感 光 度：ISO100

在逆光条件下通过恰当的亮暗光比处理，照片不失层次颜色之美

选择理想的时间

对于风光摄影中的画面造型来讲，逆光拍摄的最佳时间应该是日出与日落时。换言之，光线入射角越小，逆光效果就越好。这段时间的光线能保证被摄体边缘有较为细腻、柔和、醒目和单一的轮廓光。

关注画面的几个造型

运用逆光拍摄的目的是提炼线条、塑造形态，在画面中描绘出景或物的外在形状和轮廓，因此，评断此类照片的标准之一就是，画面中的景物是否呈现出漂亮的几何线条造型。

在拍摄时，要注意通过调整机位、改变构图方式，使画面中景物的主要轮廓线条清晰、完整、明显。要注意避免由于景物间相互重叠而导致轮廓线条走形、变样的情况。

使用较暗的背景

逆光拍摄时要重点表现的景物是否突出、逆光效果是否完美、线条与轮廓是否有表现力，与背景有很大关系。暗色调的背景有利于衬托被摄对象边缘明亮的部分，使其轮廓线条犹如画家用笔勾勒、雕刻家用刀雕刻般鲜明而醒目。因此，拍摄时要尽量选择单一的、颜色较暗的背景，通过构图将一切没有必要的、杂乱的线条，压暗隐没在背景中。

焦　　距　35mm
光　　圈　F8
快门速度　1/160s
感 光 度　ISO100

▲ 侧光照射下，树木形成漂亮的线条，使画面更添了几分与众不同的韵味

拍摄要点：

（1）使用多重测光模式进行测光，由于画面整体相对较暗，因此应适当降低1挡左右的曝光补偿，以保证曝光正常，同时也可以让天空、雪山、树木等元素呈现出更多的细节。

（2）设置"荧光灯"白平衡，可以在当前环境下，使画面中的冷、暖色彩均能够得到较好的表现。

（3）使用镜头的广角端并配合较小的光圈进行拍摄，以保证画面拥有足够的景深。

防止镜头眩光

　　光线进入镜头在镜片之间扩散与反射之后，在照片中形成可以看见的光斑，这就是眩光。此外，如果拍摄后，发现照片虽然比较明亮，但有雾蒙蒙的感觉，基本上也是因为镜头眩光引起的。

　　镜头眩光会直接影响照片品质，因此在拍摄时要采取以下措施避免在照片中出现眩光。

　　（1）改变构图避免光线直射入镜头。由于镜头眩光出现在以逆光或侧逆光光位拍摄时，因此，可以通过改变拍摄角度、机位来控制。

　　（2）为镜头加装合适的遮光罩。

　　（3）避免使用镜头的广角端进行拍摄，因为广角端更容易产生镜头眩光。

　　（4）调整光圈，因为不同光圈的抗眩光效果也不同，因此可以尝试使用不同的光圈进行拍摄。

焦　　距 ▷ 18mm
光　　圈 ▷ F10
快门速度 ▷ 1/160s
感 光 度 ▷ ISO100

◀ 使用广角镜头拍摄逆光下的海面，为了不让画面中出现眩光，特意在镜头上装了遮光罩

知识链接：利用遮光罩防止镜头眩光

　　遮光罩由金属或塑料制成，安装在镜头前方。遮光罩可以遮挡不必要的光线，避免产生镜头眩光。

　　在选购遮光罩时，要注意与镜头的匹配。广角镜头的遮光罩较短，而长焦镜头的遮光罩较长。如果把适用于长焦镜头的遮光罩安装在广角镜头上，画面四周的光线会被挡住，而出现明显的暗角；而把适用于广角镜头的遮光罩安装在长焦镜头上，则起不到遮光的作用。另外，遮光罩的接口大小应与镜头安装的滤镜大小相符合。

▲ LHP-1圆形遮光罩

拍摄水域

表现画面的纵深感

拍摄水景时，如果画面的前景、背景处不安排任何参照物，画面的空间感会显得很弱，更谈不上纵深感。因此在取景时，应该注意在画面的近景处安排水边的树木、花卉、岩石、桥梁或小舟之类的景物，或在中景、远景处安排礁石、游船、太阳等，以与前景的景物相互呼应，这样不仅能够避免画面单调，还能够通过近大远小的透视对比效果，表现出水面的纵深感。

为了获得清晰的近景与远景，应设置较小的光圈进行拍摄。

拍摄要点

（1）使用广角镜头拍摄，使画面中的景物呈现近大远小的透视效果，强调了画面纵深感。

（2）使用较低的视角拍摄，可以强化前景中的元素，增加画面的纵深感，但要注意，此时应适当缩小光圈，以保证前景与背景都有足够的景深。

（3）降低0.3挡曝光补偿，使画面色彩更饱和，较暗的色调更好地突出景色的美。

（4）在海边拍摄时，要留意海风、海浪，注意保护相机、镜头。

▲ 小光圈的使用让画面视野开阔，前景处安排的道路则使画面的纵深感大大加强

焦　　距 ▶ 33mm
光　　圈 ▶ F16
快门速度 ▶ 1/50s
感 光 度 ▶ ISO200

表现水面的宽阔感

水平线构图的画面易使观者视线在左右方向产生视觉延伸感，增强画面的视觉张力，因此，这种构图形式可以说是表现宽阔水域（如海面、江面）的最佳选择，它不仅可以将被摄对象宽阔的气势呈现出来，还可以给整个画面带来舒展、稳定的视觉感。拍摄时最好使用广角镜头，以最大限度地体现水面宽广的感觉。

焦　距 ▷ 17mm
光　圈 ▷ F11
快门速度 ▷ 1/160s
感 光 度 ▷ ISO400

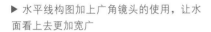

▶ 水平线构图加上广角镜头的使用，让水面看上去更加宽广

表现夕阳时分波光粼粼的金色水面

无论拍摄的是湖面还是海面，在逆光、微风的情况下，都能够拍摄到闪烁着粼粼波光的水面。如果拍摄时间接近中午，光线较强，色温较高，则波光的颜色偏向白色。如果拍摄时是清晨、黄昏，光线较弱，色温较低，则波光的颜色偏向金黄色。

为了拍摄出这样的美景，要注意两点：

第一，要使用小光圈，从而使粼粼波光在画面中呈现为小小的星芒。

第二，如果波光的面积较小，要做负向曝光补偿，因为此时场景的大面积为暗色调；如果波光的面积较大，是画面的主体，则要做正向曝光补偿，以弥补反光过高对曝光数值的影响。

焦　距 ▷ 165mm
光　圈 ▷ F13
快门速度 ▷ 1/320s
感 光 度 ▷ ISO400

▶ 夕阳时分的空中一片暖色，通过增加曝光补偿使得画面中波光粼粼的效果更加突出

表现蜿蜒流转的河流

由于地理因素，很少在自然界看到笔直的河道，无论是河流还是溪流，大多数都是弯弯曲曲地向前流淌着。因此，要拍摄河流、溪流，S形曲线构图是最佳选择。S形曲线具有蜿蜒流动的视觉感，能够引导观看者的视线随S形曲线蜿蜒移动。S形构图还能使画面的线条富于变化，呈现出舒展的视觉效果。

拍摄时摄影师应该站在较高的位置上，以俯视的角度，并采用长焦镜头，从河流、溪流经过的位置寻找能够在画面中形成S形的局部，这个局部的S形有可能是河道本身，也有可能是成堆的鹅卵石、礁石形成的，使画面产生流动感。

▲ 截取河流婉转的部分拍摄在画面中看起来很有美感，为了纳入更多的景物拍摄时使用了广角镜头

焦　　距 ▷ 36mm
光　　圈 ▷ F3.2
快门速度 ▷ 1/250s
感 光 度 ▷ ISO100

清澈见底的水面

茂密的山林间常能够见到清澈见底小湖或幽潭，微风吹过，照射过来的阳光一束束地在水下闪烁、游动，给人透彻心扉的清凉感觉。

如果想拍摄出这样漂亮的场景，需要在镜头前安装偏振镜，以过滤水面反射的光线，将水面拍得清澈透明，使水面下的石头、水草都清晰可见。

拍摄构图时应注意水的旁边是否还有能够入画的景物，如远处的小山、水边的树木，将这样的景物安排在画面中，无疑能够使画面更美。

▲ 使用偏振镜消除水面的反光，水面表现出清澈见底的效果

焦　　距 ▷ 135mm
光　　圈 ▷ F9
快门速度 ▷ 1/100s
感 光 度 ▷ ISO100

飞溅的水花

想拍摄出"惊涛拍岸，卷起千堆雪"的画面，需要特别注意快门的速度。

很高的快门速度能够在画面中凝固浪花飞溅的瞬间，此时如果在逆光或侧逆光下拍摄，浪花的水珠就能够折射出漂亮的光线，使浪花看上去晶莹剔透。

如果快门速度稍慢，也能够捕捉到浪花拍击礁石四散开去的场景，此时由于快门速度稍慢，飞溅开去的水珠会在画面中形成一条条白线，使画面极富动感。另外，拍摄时最好使用快门优先曝光模式，以便于设置快门速度。

▲ 通过中速快门的使用，将飞溅起的水花定格下来

焦　　距 ▷ 70mm
光　　圈 ▷ F16
快门速度 ▷ 1/20s
感 光 度 ▷ ISO100

拍出丝绢水流效果

较低的快门速度能够拍摄到如丝绸般的水流，如果时间更长一些，还能够在水面上空产生雾化的效果，为水流赋予特殊的视觉魅力。拍摄时最好使用快门优先曝光模式，以便于设置快门速度。

在实际拍摄时，为了防止曝光过度，可以使用较小的光圈，以降低镜头的进光量，延长快门时间。如果画面仍然可能会过曝，应考虑在镜头前加装中灰滤镜，这样拍摄出来的瀑布、海面等水流是雪白的，有丝绸一般的质感。由于快门速度很慢，所以一定要使用三脚架拍摄。

▲ 三脚架配合低速快门的使用，使水流看上去有种柔滑如丝的感觉

焦　　距 ▷ 24mm
光　　圈 ▷ F22
快门速度 ▷ 10s
感 光 度 ▷ ISO100

表现瀑布或海水的磅礴气势

没有庞大就没有微小，没有高耸就没有低矮，哲学告诉我们，世界的万事万物都是对立存在的，这种对立实际上也是一种对比。而通过已知事物的体量来推测对比认识未知事物的体量，正是人类认识事物的基本方法。

从摄影的角度来看，如果要表现出水面开阔、宏大的气势，就要通过在画面中安排对比物来相互衬托。对比物的选择范围很广，只要是能够为观赏者理解、辨识、认识的事物均可，如游人、小艇、建筑等。如果摄影师所站的位置可以将其所处的周围环境一同纳入到画面中，则可以拍摄壮美的全景式瀑布景观，此时使用全画幅数码单反相机能够获得更开阔的画面。

▲ 通过画面右下方的游人和瀑布之间进行对比，瀑布的声势显得十分浩大，截取的瀑布局部使画面产生延展性，从而使瀑布的气势更加恢宏

焦　　距 ▷ 48mm
光　　圈 ▷ F4
快门速度 ▷ 1/500s
感 光 度 ▷ ISO100

拍摄漂亮的倒影

倒影是景物通过水面反射形成的一种光学现象。可以说，凡是有水的地方就会有倒影。一处理想的水域，无疑是拍摄水面倒影的首要前提。

拍摄倒影要注意以下两个要点。

第一，被摄实景对象最好有一定的反差，外形又有分明的轮廓线条，这样水中的倒影就会格外明快醒目。

第二，阳光照射的方位对于倒影的效果也有着较大的影响。顺光下景物受光均匀，这种角度取景，可以得到清晰并且色彩饱和的画面，但缺少立体感。逆光的时候，景物面对镜头之面受光少，大部分处于阴影下，因而影像呈剪影状，不但倒影本身不鲜明，而且色彩效果比较差。相比而言，侧光下景物具有较强的立体感和质感，同时也能够获得较为饱和的色彩影像。

焦　　距▷100mm
光　　圈▷F7.1
快门速度▷1/100s
感光度▷ISO100

▲ 湖面将天空、山脉倒映呈现出来，画面表现出明快的影调效果

拍摄经验：水面是否平静，对于画面中倒影的效果影响很大。水面越是平静，所形成的倒影越清晰，有时候可以形成倒影与实际景物几乎毫无二致的画面。特别是一些环境幽静、人迹罕至的水域，倒影更是迷人。

如果有微风吹拂、水流潺动、舟船荡漾等各种自然或人为因素的存在，倒影就会扭曲，在这种情况下拍摄时，要视水面波纹的大小而定是否还能够继续拍摄，如果波纹较小，可以通过调小光圈、延长曝光时间来减弱波纹对倒影的影响。

拍摄日出日落

获得准确的曝光

拍摄日出与日落较难掌握的是曝光控制，通常日出与日落时，天空和地面的亮度反差较大，如果对准太阳测光，虽然太阳的层次和色彩会有较好的表现，但会导致云彩、天空和地面上的景物曝光不足，呈现出一片漆黑的景象；若对准地面景物测光，会导致太阳和周围的天空曝光过度，失去色彩和层次。

正确的曝光方法是使用点测光模式，对准太阳附近的天空进行测光，这样不会导致太阳曝光过度，天空中的云彩也有较好的表现。

拍摄经验：为了保险可以在标准曝光参数的基础上，增加或减少一挡或半挡曝光补偿，多拍摄几张照片，增加挑选的余地。如果没有把握，不妨使用包围曝光，避免错过最佳拍摄时机。

一旦太阳开始下落，光线的亮度将明显下降，很快就需要使用慢速快门进行拍摄，这时若手持长焦镜头会很不稳定。因此，拍摄时一定要使用三脚架。拍摄日出时，随着时间推移，所需要的曝光数值会越来越小；而拍摄日落则恰恰相反，所需要的曝光数值会越来越高，因此在拍摄时应该注意随时调整合适的曝光数值。

▲ 摄影师用点测光模式拍摄日落场景，天空获得了准确的曝光，倒影看上去极富美感

焦　　距 ▶ 24mm
光　　圈 ▶ F6.3
快门速度 ▶ 1/20s
感 光 度 ▶ ISO500

兼顾天空与地面景物的细节

拍摄日出日落时，如果在画面中有地面的场景，通常由于画面中天空的亮度与地面的亮度明暗反差较大，使天空与地面的细节无法被同时兼顾。

拍摄时，如果将测光点定位在太阳周围较明亮的天空处，会得到地面景物的剪影效果，即在地面上的景物较暗甚至为黑影。而如果将测光点定位在地面上，天空较亮处则会过曝，成为一片白色。

比较稳妥的方法是，测光时对准太阳周围云彩的中灰部，以兼顾天空与地面的细节。

▲ 拍摄时针对天空中灰部分进行测光，并利用阶段曝光拍摄的方法拍摄出天空、地面都有细节的照片

焦　　距 ▶ 35mm
光　　圈 ▶ F16
快门速度 ▶ 1/200s
感 光 度 ▶ ISO200

如果按此方法仍然无法同时确保天空与地面的细节，还可以使用包围曝光的方法，拍摄三挡不同曝光效果的照片，用后期软件将三张照片合成在一起，从而增加画面的宽容度，使天空与地面均表现出良好细节。

利用长焦镜头将把太阳拍得更大

如果希望在照片中呈现面积较大的太阳，要尽可能使用长焦距镜头。通常在标准的画面上，太阳只是焦距的1/100。因此，如果用50mm标准镜头拍摄，太阳的大小为0.5mm；如果使用200mm的镜头拍摄，则太阳大小为2mm；如果使用400mm长焦镜头拍摄，太阳的大小就能够达到4mm。

▲ 使用长焦距容易获得更大的太阳，这张漂亮的照片就是用400mm的焦距来完成的

焦　　距 ▶ 400mm
光　　圈 ▶ F5.6
快门速度 ▶ 1/200s
感 光 度 ▶ ISO200

用小光圈拍摄太阳的光芒

　　为了表现太阳耀眼的效果，烘托画面的气氛，增加画面的感染力，可在镜头前加装星芒镜达到星芒的效果。在没有星芒镜的情况下，还可以缩小光圈进行拍摄，通常需要选择f/16~f/32的小光圈，较小的光圈可以使点光源出现漂亮的星芒效果。

　　拍摄经验：光圈越小，星芒效果越明显。如果采用大光圈，光线会均匀分散开，无法拍出星芒效果。

　　另外，拍摄时使用的光圈也不可以过小，否则会由于光线在镜头中产生的衍射现象导致画面质量的下降。

▲ 星芒状的太阳是画面中的视觉兴趣点，使常见的风景画面变得很新颖，同时放射状的光芒也增添了画面的空间纵深感

焦　　距 ▷ 68mm
光　　圈 ▷ F14
快门速度 ▷ 1/2s
感 光 度 ▷ ISO100

拍摄要点：

（1）非恒定光圈的变焦镜头，往往在长焦端可以设置比广角端更小的光圈，因此可以充分利用这一特性，使用小光圈来拍摄太阳，在光线较为强烈时，可以拍摄到非常漂亮的太阳光芒效果。

（2）使用长焦镜头时，光线长时间直射进相机，可能对相机部件及眼睛产生损害，因此要特别注意把握拍摄的时间。

破空而出的霞光

　　如果太阳的周围云彩较多，当阳光穿透云层的缝隙时，会表现为一缕缕的光芒。如果希望拍摄到这种透射云层的光线效果，应尽量选择小光圈，并通过做负向曝光补偿提高画面的饱和度，使画面中的光芒更加夺目。

焦　　距 ▷ 18mm
光　　圈 ▷ F14
快门速度 ▷ 1/400s
感 光 度 ▷ ISO100

▶ 小光圈加上负向曝光补偿的使用，让这张霞光四射的照片看上去十分精彩

拍摄山川

用独脚架便于拍摄与行走

在拍摄山川的时候，如果能使用脚架，可使拍摄更稳定、图像效果更清晰，以避免由于手部动作导致照片发虚。其中，独脚架携带起来比较省力，方便于山川间的行走。

拍摄经验：如果在较高处俯视拍摄山脉，由于海拔较高的地方往往风大、温度低，因此拍摄时应该使用坚固的三脚架，以保证相机的稳定性。另外，由于在温度较低的环境下拍摄时，电池消耗的速度很快，所以在保证稳定性的同时要注意为相机保温。

▲ 独脚架的使用，让这幅山川作品表现得十分稳定、清晰

焦　　距 ▶ 50mm
光　　圈 ▶ F3.5
快门速度 ▶ 1/320s
感 光 度 ▶ ISO200

表现或稳重大气或险峻嶙峋的山体

三角形是一种非常稳定的形状，同时能够给人向上突破的感觉，结合山体造型并采用三角形构图拍摄大山，在带给画面十足稳定感之余，还会使观者感受到一种强烈的力度感，更能体现出山体壮美、磅礴的气势。

如果希望表现险峻嶙峋的山体，可以选择斜线构图形式，拍摄时可以用中长焦镜头从被摄山体上截取一段，以体现斜线构图的效果。

▶ 三角形构图表现出的山体显得更加稳重，画面上方的红叶与蓝色的水面及山峰形成鲜明的色彩对比，让画面更具视觉冲击力的同时，也凸显了其空间感

焦　　距 ▶ 100mm
光　　圈 ▶ F9
快门速度 ▶ 1/100s
感 光 度 ▶ ISO100

用山体间的V字形表现陡峭的山脉

如果要表现陡峭的山脉，最佳构图莫过于V形构图，这种构图中的V形线条能够在视觉上产生高低视差，因此当观赏者的视线按V形视觉流程，在V形的底部与V形的顶部（即山谷与山峰）之间移动时，能够在心理上对险峻的山势产生认同感，从而强化画面要表现的陡峭感。

拍摄经验：拍摄时要特别注意选取能够产生深V的山谷，而且在画面中最好同时出现2~3个大小、深浅不同的V形，以使画面看上去更活跃。

焦　　距　20mm
光　　圈　F11
快门速度　1/320s
感 光 度　ISO100

▲ 采用V字形构图拍摄山体，在平静的水面对比之下，山体看上去更陡峭嶙峋

拍摄要点：

（1）使用偏振镜过滤水面及环境中的杂光，使画面的色彩更纯净，水面更清澈，水面的倒影也更加清晰。

（2）使用单个对焦点，对中景处的山峰进行对焦，并设置较小的光圈进行拍摄，以获得足够的景深，使前景与背景都足够清晰。

（3）由于环境整体较暗，因此应适当降低0.7挡左右的曝光补偿，使山体能够获得较好的曝光结果，同时还保证水面也获得充足的曝光。

用云雾渲染画面的意境

各大名山的著名景观中多有"云海"美景，例如黄山、泰山、庐山，都能够拍摄到很漂亮的云海照片。

云雾笼罩山体时其形体就会变得模糊不清，在隐隐约约之间，山体的部分细节被遮挡，在朦胧之中产生了一种不确定感，拍摄这样的山脉，可使画面产生一种神秘、缥缈的意境。

此外，由于云雾的存在，使被遮挡的山峰与未被遮挡部分会产生虚实对比，使画面由于对比而形成更强的视觉欣赏性。

采用小光圈拍摄山峰及云雾，画面虚实相间，在云雾遮挡下的
山峰若隐若现，渲染出神秘的画面意境

焦　　距 ▷ 70mm
光　　圈 ▷ F9
快门速度 ▷ 1/320s
感 光 度 ▷ ISO200

拍摄经验：如果只是拍摄飘过山顶或半山的云彩，只需要选择合适的天气即可，云在风的作用下，会与山产生时聚时散的效果，拍摄时多采用仰视的角度。如果以蓝天为背景，可以使用偏振镜，将蓝天拍摄得更蓝一些；如果拍摄的是乌云压顶的效果，则应该注意做负向曝光补偿，以对乌云进行准确曝光。

反之，如果笼罩山体的是薄薄的云层，则可视其面积大小做正向曝光补偿，使画面看上去更清秀、淡雅。如果拍摄的是山间云海的效果，应该注意选择较高的拍摄位置，至少以平视的角度进行拍摄，光线方面应该采用逆光或侧逆光，同时注意对画面做正向曝光补偿。

塑造立体感

side光照射在表面凹凸不平的物体表面时，会形成明显的明暗交替光影效果，这种光影效果使物体呈现出鲜明的立体感以及强烈的质感。

因此要为山体塑造立体感，最佳方法莫过于利用侧光进行拍摄。要采用这种光线拍摄山脉，应该在太阳还处在较低的位置时，这样即可获得漂亮的侧光效果，使山体由于丰富的光影层次而显得极富立体感。

▲ 侧光角度拍摄的群山，画面影调丰富，山的质感和立体感表现得很好

焦　　距 ▶ 23mm
光　　圈 ▶ F10
快门速度 ▶ 1/125s
感 光 度 ▶ ISO100

在逆光、侧逆光下拍出有漂亮轮廓线的山脉

在逆光或侧逆光的条件下拍摄山脉，往往是为了在画面中体现山脉的轮廓线，此时画面中山体的绝大部分处在较暗的阴影区域，基本没有细节。拍摄时可通过选用长焦或广角等不同焦距的镜头捕捉山脉最漂亮的轮廓线条，拍摄的时间应该在天色将暗时进行，此时天空的余光能够让天空中的云彩为画面添色。

在侧逆光的照射下，山体往往有一部分处于光照之中，不仅能够表现出明显的轮廓线条，显现山体的少部分细节，还能够在画面中形成漂亮的光线效果，所以，是比逆光更容易出效果的光线。

拍摄经验：拍摄时应当降低曝光补偿，使暗调的山体轮廓感更明显。

▲ 太阳下山后，地平线处仍然保持较亮的状态，因而形成较弱的逆光效果，并与地面上的山峰形成对比，在天空曝光正常的情况下，山峰能够自然呈现出非常纯净的剪影效果，从而很好地表现出其外形轮廓

焦　　距 ▶ 20mm
光　　圈 ▶ F9
快门速度 ▶ 1/125s
感 光 度 ▶ ISO100

第 **12** 章

植物摄影

拍摄花卉

表现大面积的花海

拍摄花丛的重点是要表现大片花丛的整体美，不但要拍摄到无数的花朵，包括花朵下方的枝叶也要有所表现。为了让画面中的景物都能较清晰地再现，最好选择中等或更小的光圈，这样才能获得较大的景深，所以使用广角镜头会有更佳的表现。

拍摄花丛常用的构图方式是散点构图，就是指画面中没有明显的主体，各元素都是以并列关系出现的；也可以选择放射线构图，这样能获得较强的透视感；如果是在公园拍摄花卉，则可以根据公园中花卉的各种规律形状直接构图。无论哪种构图方式，在取景时最好避开花丛的边缘，这样才能给人一种四周无限宽广的视觉印象。

▲ 使用小光圈拍摄大面积的花海，大景深的画面中花海看起来十分广阔，同时由于近大远小的透视关系，也增强了画面的纵深感

焦　　距 ▷ 16mm
光　　圈 ▷ F6.3
快门速度 ▷ 1/200s
感 光 度 ▷ ISO100

拍摄花卉特写

以微观的手法表现人们熟悉的东西，会带来陌生又熟悉的感觉，形成十分有冲击力的视觉效果。所以，要使花卉照片与众不同，可以尝试使用微距镜头拍摄，拍摄时要注意，需选择花朵最有代表性的精美局部，例如花蕊通常在花朵的深处，不易在日常欣赏中观察到，可以考虑采用微距的手法表现。

拍摄微距画面，由于景深非常浅，非常轻微的抖动也会造成对焦不准，所以拍摄时一定要使用三脚架，这样有利于精准对焦，拍摄出清晰的照片。

焦　　距 ▷ 100mm
光　　圈 ▷ F5.6
快门速度 ▷ 1/200s
感 光 度 ▷ ISO100

▲ 三脚架与微距镜头结合拍摄花朵精美的局部，使其背景虚化、主体十分突出

红花需以绿叶配

俗话说："好花还需绿叶配。"在拍摄花朵时，如果条件允许，可以尝试以叶片作为背景或陪体来衬托花朵的娇艳。

红与绿的搭配是色彩对比的典型，所谓万绿丛中一点红，只有在绿色的衬托下，才会显得红得耀眼、红得夺目。无论是大面积绿色中的红色，还是大面积红色中的绿色，较小面积的颜色均能够在其周围大面积的对比色中脱颖而出。

了解这种色彩对比的原理后，可以在拍摄花卉时，通过构图刻意将具有对比关系的花朵与其周围的环境安排在一起，从而突出花卉主体。例如，可以用红和绿、蓝和橘、紫和黄等对比关系的颜色使画面的对比效果更强烈，主体更突出。

拍摄要点：

（1）设置较大的光圈虚化背景中的花卉，可突出要表现的花卉。

....

（2）减少0.3~0.7挡的曝光补偿，可增加花卉颜色的饱和度。

....

（3）可特意选择阴天时进行拍摄，由于光线比较柔和，画面细节损失较少，也可使用多重测光模式。

....

▲ 红色花卉在绿色叶子的背景中脱颖而出，花朵显得格外娇艳、夺目

焦　　距 ▷ 135mm
光　　圈 ▷ F2.8
快门速度 ▷ 1/250s
感 光 度 ▷ ISO100

用超浅景深突出花朵

超浅景深是比小景深更浅的一种景深，通常在整个画面中保持清晰的只有很小的一部分，其他区域均为模糊的画面。

相对于拍摄背景杂乱的场景时，使用小景深简化画面的作用，超浅景深也可以用于虚化主体之外的杂乱背景或不美观的花朵局部，例如当一朵花除了某一个花瓣，其余部分均有虫洞或破损时，就可以采用这种手法只拍摄具有漂亮外观的花瓣，而使其他的地方均呈现为虚化的状态。

要拍摄出具有超浅景深的画面，必须使用微距镜头或者具有近摄功能的镜头加接近摄滤镜，这样才可以拍摄到有非常浅的景深的画面。

拍摄要点：

（1）微距镜头用来突出物体局部，是最合适不过的选择了。其1:1的放大倍率和极小的景深，拥有极佳的突出细节作用。

（2）使用微距镜头拍摄时，不建议使用太大的光圈，否则景深会非常浅，导致难以对焦，容易跑焦且不容易突出主体，通常使用F5.6~F9的光圈即可得到很好的拍摄效果。

（3）使用专业环形或双头微距闪光灯，为花朵进行照明，从而获得最佳的光照，以更好地表现花朵的细节。

焦　　距 ▷ 100mm
光　　圈 ▷ F5.6
快门速度 ▷ 1/320s
感 光 度 ▷ ISO100

▲ 在绿色的背景的衬托下，白色的花朵在浅景深的画面中显得非常突出

用亮或暗的背景突出花朵

通常，大面积暗色调中的小部分亮色调会显得格外突出，大面积亮色调中的小部分暗色调也会吸引观众的目光。

拍摄花卉时，可以利用这种色调之间的对比关系，通过暗调的环境或陪体映衬出色调比较亮的花卉，反之亦然。在深暗背景中的花卉显得神秘，主体非常突出；而在浅亮背景画面中的花卉，则显得简洁、素雅，会有一种很纯洁的视觉感受。

暗调与亮调背景的极端情况是黑色与白色的背景，在自然中比较难找到这样的背景，摄影师可以通过随身携带黑色与白色的背景布，在拍摄时将背景布放在花朵的后面来实现这样的效果。

另外，如果被摄花朵受光较好，而背景是在阴影的状态下，此时使用点测光对花朵亮部进行测光，也能拍摄到背景几乎全黑的照片。

焦　　距 ▶ 95mm
光　　圈 ▶ F3.2
快门速度 ▶ 1/640s
感 光 度 ▶ ISO100

▶ 使用暗色背景来拍摄花朵，花朵显得更加醒目且神秘

焦　　距 ▶ 135mm
光　　圈 ▶ F4
快门速度 ▶ 1/320s
感 光 度 ▶ ISO100

▶ 使用亮色的背景拍摄花朵，花朵表现得更加洁净、高雅

逆光突出花朵的纹理

花朵有不同的纹理与质感，可尝试采用逆光角度拍摄，使花瓣在画面中表现出一种朦胧的半透明感，突出花朵的纹理。拍摄此类照片应选择较薄的花瓣，否则透光性会比较差。

逆光拍摄时，如果环境光线不强，可使用点测光的方法，将花朵在画面中处理为逆光剪影效果，以表现花朵优秀的轮廓线条，拍摄时注意要做负向曝光补偿。

焦　　距 ▷ 135mm
光　　圈 ▷ F3.5
快门速度 ▷ 1/500s
感 光 度 ▷ ISO200

▶ 使用逆光光线拍摄花朵，花朵表现出一种朦胧的半透明感，在深色背景的衬托下纹理也更清晰

仰拍更显出独特的视觉感受

如果被摄花朵周围环境比较杂乱，再采用平视或俯视的角度很难拍摄出漂亮的画面，因此，可以考虑采用仰视的角度进行拍摄，仰视较角度拍摄时的背景为天空，因此很容易获得背景纯净、主体突出的画面。

如果花朵的位置较高，比如长在高高树枝上的梅花、桃花，拍摄起来就比较容易。

如果花朵是长在田原、丛林之中，如野菊花、郁金香等，则要有弄脏衣服和手的心理准备。为了获得足够好的拍摄角度，可能要趴在地上将相机放得很低。

而如果花朵生长在池塘、湖面之上，如荷花、莲花，则可能无法按这样的拍摄技巧操作，需要另觅他法。

焦　　距 ▷ 35mm
光　　圈 ▷ F14
快门速度 ▷ 1/250s
感 光 度 ▷ ISO100

▶ 采用仰视角度拍摄以蓝天为背景的花朵，花朵显得十分高大，画面很纯净

拍摄树木

用逆光拍摄树木独特的轮廓线条美

每棵树都有独特的外形，它们都是很好的拍摄题材，摄影师可以在逆光的位置观察，寻找到轮廓线条优美的拍摄角度。

拍摄时如果太阳的角度不太低，则应该注意不仅要在画面中捕捉到被拍摄树木的轮廓线条，还可以在画面的前景处留出空白，以安排林木投射在地面的阴影线条，使画面不仅有漂亮的光影效果，还能够呈现较强的纵深感。

为了确保树木能够呈现为剪影效果，拍摄时应该用点测光模式对准光源周围进行测光，以获得准确的曝光。

焦　　距：22mm
光　　圈：F4
快门速度：1/80s
感 光 度：ISO200

▲ 采用逆光光线和点测光模式拍摄树木时，得到树木呈剪影形式的画面

拍摄要点：

（1）相对于山川、瀑布等大型风景而言，树木可以说是比较小的拍摄对象，因此可以寻找逆光的方向来表现其剪影之美。

（2）使用点测光模式对天空区域进行测光，然后按下AEL按钮以锁定曝光，再进行构图、对焦、拍摄。

（3）为获得更好的蓝天与剪影效果，通常可以降低0.7~1.3挡的曝光补偿，使天空更蓝，树木的剪影也更纯粹。

以放射式构图拍摄穿透树林的阳光

当阳光穿透树林时，由于被树叶及树枝遮挡，因此会形成一束束透射林间的放射形光线，这种光线被称为"耶稣圣光"，能够为画面增加一种神圣感。

要拍摄这样的题材，最好选择清晨或黄昏时分，此时太阳斜射向树林中，能够获得最好的画面效果。

在实际拍摄时，可以迎向光线用逆光进行拍摄，也可以与光线平行用侧光进行拍摄。

在曝光方面，可以以林间光线的亮度为准拍摄出暗调照片，衬托林间的光线；也可以在此基础上，增加1~2挡曝光补偿，使画面多一些细节。

▲ 清晨太阳初升，透过林间的光线四射开来，摄影师以放射性构图表现这一场景，使画面看起来很有神圣感

焦　　距 ▷ 24mm
光　　圈 ▷ F16
快门速度 ▷ 1/640s
感 光 度 ▷ ISO400

表现树叶的半透明感

在对树木进行特写拍摄时，除了对树木的皮表或枝干等进行特写拍摄之外，将镜头对准形状各异、颜色多变的树叶也是不错的选择。

拍摄树叶时，为了将它们晶莹剔透的特性（即半透明性质）表现出来，常常需要采用逆光拍摄，这样还可将它们优美的轮廓线展现在观者面前。

▲ 使用逆光光源拍摄树叶时，其晶莹剔透的质感被表现的格外突出

焦　　距 ▷ 200mm
光　　圈 ▷ F5
快门速度 ▷ 1/400s
感 光 度 ▷ ISO320

拍摄铺满落叶的林间小路

曲径通幽是对弯曲小路的描述，要拍摄这种小路，最佳的时间是秋季，这时路面上会飘落许多红色或金黄色的树叶，走在这样的小路上会让人感觉到温暖与亲切。拍摄时注意选择有S形弯折的小路，构图时就能够使用C形或S形构图将小路表现得曲折、蜿蜒，使画面更有情趣。

▲ 采用小光圈模式拍摄林间洒满落叶的小路，画面中晚秋的氛围十分浓厚，给人一种自然亲切的感觉

焦　　距▷30mm
光　　圈▷F8
快门速度▷1/200s
感 光 度▷ISO200

表现火红的枫叶

要拍摄火红的枫叶，选择合适的光位很重要。

在顺光条件下，枫叶的色彩饱满、鲜艳，有很强烈的视觉效果，为了使树叶的色彩更鲜艳，可以在拍摄时使用偏振镜，减弱叶片上反射的杂光。

如果选择逆光拍摄，强烈的光线会透过枫叶，使枫叶看起来更纯粹、剔透。

其次，在拍摄时，使用广角镜头有利于表现漫山红遍的整体气氛，而长焦镜头适合对枫叶进行局部特写表现。

此外，还可以将注意力放在地上飘落的枫叶上，也能获得与众不同的效果。

▲ 摄影师以中焦镜头截取枫树的一部分进行构图，配合后期处理，得到极为明艳的红黄相间的色彩效果，给人一种热情如火的感受

焦　　距▷40mm
光　　圈▷F9
快门速度▷1/100s
感 光 度▷ISO100

第 13 章

人像摄影

人像摄影的对焦技巧

人的眼睛最能反映人物内在的心理，也就是说眼神最能体现人物的心灵世界，因此拍摄时对准人物的眼睛对焦，会表现出神形兼备的肖像照片。

通过观摩人像摄影佳片就能够看出，这些照片中人像的眼睛部分是最清晰的，这也是许多人像摄影作品成功的秘诀之一。

拍摄经验：拍摄模特的正面像时，应该引导模特将脸微微旋转一定的角度，这样拍摄出来的画面看上去更立体。对于大部分女性而言，这样的角度能够使其面部看上去更纤瘦一些。

拍摄要点：

（1）上午的光线较为柔和，采用此时的自然光拍摄的画面十分自然，人物皮肤的质感能够得到较好的表现。

（2）从侧面45°角的位置拍摄人像，能够突出人物凹凸有致的身材。

（3）将焦点对准人物的眼睛，使画面效果更加突出。

（4）让模特坐在路边的护栏上，护栏在画面中形成的斜线，起到增强画面空间纵深感和动感效果的作用。

焦　　距 ▶ 70mm
光　　圈 ▶ F2.8
快门速度 ▶ 1/500s
感 光 度 ▶ ISO100

▶ 拍摄时，应将焦点置于模特的眼睛上，因为眼睛通常是画面的焦点，清晰的眼眸会增加女孩的神韵

拍出背景虚化人像照片的4个技巧

景深是指画面中主体景物周围的清晰范围。通常将清晰范围大的称为大景深，清晰范围小的称为小景深。人像摄影中以小景深最为常见，因为小景深能够更好地突出主体、刻画人物。

增大光圈

光圈越大（如F1.8、F2.4），光圈数值越小，景深越小；光圈越小（如F18、F22），光圈数值越大，景深越大。要想获得浅景深的照片，首先应考虑使用大光圈进行拍摄。

增加焦距

镜头的焦距越长，景深越小。焦距越短，景深越大。根据这个规律可知，如果希望获得较小的景深，需要使用具有较长焦距的镜头，因此在拍摄时尽量使用长焦焦段，这样拍摄人像时可以得到较小的景深，虚化掉不利的画面因素，使画面有明显的虚实对比，突出被摄者。

减少与模特之间的距离

想要获得浅景深，让背景得到虚化，最简单的方法就是在模特和背景距离保持不变的情况下，让相机靠近模特。这样可以轻易获得浅景深的效果，画面中人物较突出，背景也可以被自然虚化。

增大模特与背景的距离

改变人与背景间的距离，也是获得浅景深的方法之一。让被摄者与背景保持一定的距离，也一样可以获得完美的浅景深效果。简单来说，人离背景越远，就越容易形成浅景深，从而获得更大的虚化效果。

▲ 使用大光圈将背景虚化，并倾斜相机形成斜线构图，在使人物突出的同时增强了画面的延伸感

焦　　距 ▷ 80mm
光　　圈 ▷ F2.8
快门速度 ▷ 1/400s
感 光 度 ▷ ISO100

▲ 使用长焦镜头进行拍摄，背景得到很好的虚化，使人物主体非常突出

焦　　距 ▷ 200mm
光　　圈 ▷ F3.2
快门速度 ▷ 1/200s
感 光 度 ▷ ISO100

▲ 靠近主体拍摄的画面，主体占画面的面积增大，从而减少了背景的面积，景深自然变浅

焦　　距 ▷ 50mm
光　　圈 ▷ F2.8
快门速度 ▷ 1/160s
感 光 度 ▷ ISO100

表现修长的身材拍摄技巧

运用斜线构图形式

斜线构图在人像摄影中经常用到。当人物的身姿或肢体动作以斜线的方式出现在画面中，并占据画面足够的空间时，就形成了斜线构图方式。斜线构图所产生的拉伸效果，对于表现女性修长的身材或者对拍摄对象身材方面的缺陷进行美化具有非常不错的效果。

用仰视角度拍摄

仰视拍摄即从下往上的拍摄手法，可以使被摄人物的腿部更显修长，将被摄人物的身形拍摄得更加苗条。

此外，仰视拍摄还可以避开地面上杂乱的背景，把天空拍进画面中，简化背景美化画面。利用天空作为背景，不仅为观者带来舒畅感，也为画面注入了更多的色彩。

▲ 使用斜线构图拍摄身体后倾的女孩，这样的构图形式看起来很活泼，也将女孩青春、靓丽的气质表现得很好

焦　　距 ▷ 85mm
光　　圈 ▷ F3.5
快门速度 ▷ 1/200s
感 光 度 ▷ ISO100

▲ 采用仰视角度拍摄人物，使人物的身材显得更加苗条，大大增强了画面的表现力

焦　　距 ▷ 43mm
光　　圈 ▷ F8
快门速度 ▷ 1/100s
感 光 度 ▷ ISO200

人像摄影中的景别运用技巧

用特写景别表现精致的局部

特写构图常以表现被摄人物的面部特征为主要目的，通常都是将人物充满整个画面，因此非常容易突出主体，表现五官细节、刻画人物表情。

拍摄人物特写时，最好是使用中长焦距的镜头，这样相机与被摄人物的距离可以稍微远一些，不会产生透视变形的现象。

在各种化妆品广告摄影作品中，这种景别的作品屡见

不鲜，更有一些超特写的景别，像针对眼睛、嘴唇等局部进行拍摄，形成极强的视觉冲击力。

在进行特写拍摄时，要求人物的面部必须"经得起"特写，因此对人物的皮肤、表情等都具有较高的要求，所以面部不能有明显的瑕疵，否则用特写的方法反而会突出其面部的缺陷。

焦　　距 ▶ 70mm
光　　圈 ▶ F2.8
快门速度 ▶ 1/500s
感 光 度 ▶ ISO200

拍摄经验：即使是专业的模特，也无法长时间保持自然的面部表情，因此摄影师在拍摄时，尤其是在拍摄人物特写时，最好能够使用连拍模式多拍摄几张，以尽可能成功记录下人物最自然、最生动的瞬间表情。

▲ 采用垂直俯视角度对人物面部进行特写拍摄，面部神情得到了很好的表现，这种俯视拍摄还起到了美化脸型、放大眼睛的作用，从而增强了画面的感染力

半身人像突出特点

半身人像是最常见的一种人像景别，这种景别拍摄的是被摄对象的腿部以上。半身人像比起特写包含更多的环境元素，同时能够比较好地表现人物的姿态。拍摄时要注意人物的头部和身体尽量不要在直线上，避免照片中的人像看上去呆板、拘谨。

选择合适的背景也很重要，如果要使人像有青春靓丽的感觉，就应该选择浅色背景，如淡绿色或白色等；如果要表现人物忧郁、含蓄的气质，则可以选择颜色较深暗的背景。另外，还可以通过选择有透视效果的背景来扩展画面的空间感。

拍摄经验：为了使人像在画面中有类似瓜子脸的脸型效果，许多人在拍照时故意将头往下压，但实际上这样做最容易出现双下巴，脸也会显得比较胖。正常的方法是，当拍摄人的正面时，引导其将脖子往前伸，虽然从侧面看这种姿势很怪，但拍出来的画面非常不错，脸会显得小一些，而且也不会出现双下巴。

焦　　距 ▶ 70mm
光　　圈 ▶ F8
快门速度 ▶ 1/125s
感 光 度 ▶ ISO200

▶ 在对人物进行半身拍摄时，面部五官的细节会得到很好的表现，手臂与腰的动势也能表现得恰到好处

用全景拍好人像及环境

全景人像是指画面中出现被摄人物整个身体面貌，通常用于表现人像与环境的关系或以环境衬托表现人物。

拍摄时要特别注意人物与背景之间的搭配关系，例如，人物表情、服装、道具等方面都要与环境相匹配，否则人像会在环境中显得很突兀。

拍摄全景人像的一个误区是，拍摄时使用大光圈虚化背景，实际上这样会减弱环境对人像的衬托作用，因此在拍摄时不可使用过大的光圈，避免环境与人像无法产生联系。

拍摄经验：拍摄全身人像时，如果想让人物的身材在画面中看起来更修长，可以使用广角镜头由下往上以仰视的角度拍摄。如果拍摄的是身着婚纱的新娘，使用这种手法可以使婚纱看上去更奢华；如果拍摄的是身材苗条的人物，按此方法拍摄出来的人物身体看上去会显得更加细长、苗条。

▲ 这是一张在路旁的少女全身像，人物和周围环境都表现的很得当，整个画面充满青春、明快之感

焦　　距 ▷ 35mm
光　　圈 ▷ F2
快门速度 ▷ 1/640s
感 光 度 ▷ ISO100

依据景别将人像安排在三分线上

　　三分法构图利用了黄金分割构图的定律，并在其基础上进行简化。三分法构图有横向三分法和纵向三分法之分。把画面分为三等份，每一个中心都可放置主体形态，构图精练，能够鲜明地表现主题。

　　三分构图法在人像摄影中是最常用也是最实用的构图方法，这种构图可以给观者视觉上愉悦感和生动感。竖构图拍摄时，可将人物的头部放在黄金分割上，能更加突出主体，会在读者心理上形成人物与背景相结合的效果。

　　横构图拍摄时，将人物主体置于三分线上，如果人物是侧脸或3/4侧脸，可在人物视线方向留白，这样可以使人物视线方向的空间得以延伸，让观者对人物视线方向的内容产生遐想，避免使画面产生拥挤、堵塞的感觉。如果人物视线看向镜头，可在画面的另一侧安排环境或陪体，这种构图形式易引起观者的注意和兴趣，在视觉上给人精致、生动的感受。

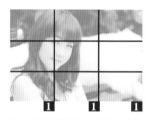

▲ 人像的眼睛被安排在黄金分割点上

▲ 使用三分法构图表现并在拍摄时使用了较大的光圈，从而使人像在画面中显得很突出

焦　　距 ▶ 135mm
光　　圈 ▶ F3.2
快门速度 ▶ 1/640s
感 光 度 ▶ ISO200

▲ 人像被安排在三分线上

必须掌握的人像摄影补光技巧

用反光板进行补光

户外摄影通常以太阳光为主光，在晴朗的天气拍摄时，除了顺光，其他类型的光线下拍摄的人像明暗反差基本都比较明显，因此需使用反光板对阴暗面进行补光（可起辅光的作用），能有效地减小反差。

当然，反光板的作用不仅仅局限在户外摄影，在室内拍摄人像时，也可以利用反光板来反射窗外的自然光，比如在专业的人像影楼里，也都会选择一个或几个反光板来起辅助照明的作用。

▲ 用反光板进行辅助补光，使人物获得更加均匀的光照，完美地表现了人物白皙、细腻的皮肤，整体给人以柔美、可人的视觉感受

焦　　距 ▶ 50mm
光　　圈 ▶ F5.6
快门速度 ▶ 1/320s
感 光 度 ▶ ISO100

知识链接：认识反光板

一般的反光板有四面，包括黑面、白面、金面和银面，可以根据各自的拍摄要求来选择。如果想要反射的光线更温暖，可以采用金面；如果想要更冷一点的反射光线，则可以选择银面。

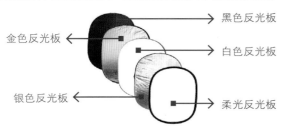

黑色反光板
金色反光板
白色反光板
银色反光板
柔光反光板

▲ 使用反光板打光的工作场景

利用闪光灯跳闪技巧进行补光

所谓跳闪，通常是指使用外置闪光灯，通过反射的方式将光线反射到拍摄对象上，最常用于室内或有一定遮挡的人像摄影中，这样可以避免直接对拍摄对象进行闪光时造成光线太生硬，且容易形成没有立体感的平光效果。

在室内拍摄人像时，常常需要通过调整闪光灯的照射角度，让其向着房间的顶部进行闪光，然后将光线反射到被摄人物身上，这在人像摄影中是最常见的一种补光形式。

白色天花板

散射光　　　　　直射光

焦　　距 ▷ 35mm
光　　圈 ▷ F1.8
快门速度 ▷ 1/160s
感 光 度 ▷ ISO200

▼ 使用外置闪光灯向屋顶照射光线，再反射到人物身上，达到补光的作用，这样可使生硬的闪光灯光线折射成柔和的散射光，使人物的皮肤显得更加细腻、自然，整体感觉也更为柔和

利用低速同步拍摄出漂亮的夜景人像

夜景人像也是摄影师常常要拍到的题材。在拍摄时如果不使用闪光灯往往会因为快门速度过慢而使图片出现模糊。而使用闪光灯又会因为画面曝光时间太短而出现人物很亮而背景很暗的问题，因此，最好的解决办法是使用相机的低速同步功能。

使用低速同步功能时人物的曝光量仍然由闪光灯控制，这样不但人物可以得到合适曝光，而且由于相机的快门速度设置得较慢，画面中的背景也得到合适的曝光。

举例来说，正常拍摄时使用F5.6、1/200s、ISO100 的曝光组合拍摄出来的画面中人物曝光正常，而背景显得较黑。将快门速度改变为1/2s，别的参数都不变低速同步摄影，就可以得到人物和背景曝光都正常的夜景人像图片。

这是因为画面的曝光量主要受闪光灯影响，而闪光灯的曝光量和快门速度无关，所以在人物可以得到正常曝光的同时，曝光时间设置为1/2s秒，由于这段时间内画面的背景持续处于曝光状态，因此背景也能够得到合适的曝光。

需要注意的是，使用这种模式拍摄时需要使用三脚架，否则很容易因为相机的抖动而把照片拍模糊。

拍摄经验：使用闪光灯补光时，还可以选择闪光灯后帘同步闪光模式。因为通常模特看到闪光灯闪过之后，会认为拍摄已经结束而开始移动（其实，如果曝光时间较长，则快门可能还没有关闭），在画面中容易造成虚影的效果。所以，在使用闪光灯进行补光，而且快门速度较慢（曝光时间较长）时，应使用闪光灯后帘同步闪光模式，使闪光灯在曝光结束时闪光。

▲ 拍摄夜景时，使用闪光灯对人物补光后，人物还原正常，但是背景显得比较黑

焦　　距 ▷ 145mm
光　　圈 ▷ F3.2
快门速度 ▷ 1/250s
感 光 度 ▷ ISO100

焦　　距 ▷ 90mm
光　　圈 ▷ F5
快门速度 ▷ 1/80s
感 光 度 ▷ ISO200

◀ 拍摄夜景时，使用闪光灯对人物补光，人物拍摄正常的同时，背景也得到合适的曝光

用压光技巧拍出色彩浓郁的环境人像

压光是指压低、减少充足的自然光以达到特殊的画面效果，这种技巧常用于在光线充足的白天拍出阴天或黄昏时分阴暗的画面效果，换言之就是通过这种拍摄技法，使人像的背景曝光相对不足，而前景的人物曝光仍然是正常的。

拍摄的方法是将光圈缩小至F16左右（此数值可灵活设置），快门速度并不降低（或仅降低一点，此处也需要视拍摄环境的背景亮度灵活确定），ISO数值也不必提高。除此之外还需补光，因为如果完全按这样的曝光参数组合拍摄，得到的照片肯定比较暗。因此，最重要的一个步骤就是使用闪光灯对前景处的人像进行补光，以加大背景与人像的明暗差距。

由于照片的背景曝光效果取决于光圈、快门速度、感光度这三个要素，因此这种方法拍出来的照片背景会由于曝光相对不足，而显得色彩浓郁、厚重，而前景处的人像由于有闪光灯补光则曝光正常。

拍摄要点：

（1）在光照十分强烈时，用闪光灯对主体人物进行补光并减少曝光补偿，从而使背景天空的色彩更浓郁。

（2）拍摄此类照片时，一定要让主体与背景距离较远，以免闪光灯的光线对背景造成影响。

（3）利用闪光灯对人物进行补光，使人物的皮肤显得更加细腻、白皙，在较暗背景的衬托下更显出模特清新、淡雅的气质。

焦　　距 ▶ 19mm
光　　圈 ▶ F16
快门速度 ▶ 1/200s
感 光 度 ▶ ISO200

◀ 以逆光拍摄，人物与背景受光的程度不一样，使用闪光灯为人物补光，并适当缩小光圈，得到人物与天空都不错的画面

利用点测光模式表现细腻的皮肤

对于拍摄人像而言，皮肤是需要重点表现的部分，要表现细腻、光滑的皮肤，测光是非常重要的一步。准确地说，拍摄时应采用点测光模式对人物的皮肤进行测光。

具体操作方法是：在单次AF模式下，将测光模式切换为点测光模式。测光时将相机的对焦点对准模特的皮肤，以获得点测光模式下的曝光参数，按AEL按钮锁定曝光参数。最后，重新进行构图、对焦，直至完成拍摄操作。

在拍摄时可以适当增加1挡或2挡的曝光补偿或者开启美肤效果，让皮肤显得白皙、细腻。

▲ 在柔和的光线下，使用点测光模式对女孩子的皮肤进行测光，得到细腻、光滑的效果

焦　　距 ▶ 85mm
光　　圈 ▶ F3.5
快门速度 ▶ 1/400s
感 光 度 ▶ ISO100

塑造眼神光让人像更生动

眼神光是指人物眼睛中闪亮的光斑。在人像摄影作品中，眼神光有非常重要的作用，漂亮的眼神光能够使照片中的人物看上去更具神采。

在户外拍摄时，天空中的自然光就能在人物的眼睛上形成眼神光，如果效果不够理想，可以利用反光板来形成眼神光，通常反光板的大小决定了模特眼睛中眼神光斑点的大小。

如果是在室内人造光源布光，通常是主光采用侧逆光位，辅光照射在人脸的正前方，用边缘光打出眼神光。

▲ 眼睛是内心感情向外流露的窗口，以平视角度拍摄并对女孩儿的眼神光进行表现，使女孩看起来神韵十足且妩媚动人

焦　　距 ▶ 200mm
光　　圈 ▶ F3.2
快门速度 ▶ 1/100s
感 光 度 ▶ ISO100

拍摄经验：如果拍摄环境中的光线比较强烈，在进行取景时会对曝光结果产生较大的影响，因此应先使用点测光模式对人物的皮肤进行测光，并适当增加曝光补偿，使人物皮肤得到更好的呈现，在试拍样片确定得到满意的曝光后，切换至手动曝光模式，按照正确的曝光参数设置并拍摄即可。

侧逆光表现身体形态

使用侧逆光拍摄人像，人物面部的受光面积比较小，但在身体边缘会形成非常漂亮的轮廓光，从而勾勒出人物身体轮廓或迷人的头发线条。应选择太阳离地面较近时拍摄，此时光线呈金黄色，侧逆光勾勒的轮廓线会更加突出、迷人。

侧逆光角度下拍摄的人物，画面中可看出人物的头发及身体边缘形成了非常漂亮的金色轮廓光，显得十分迷人

焦　　距 ▷ 70mm
光　　圈 ▷ F2.8
快门速度 ▷ 1/250s
感 光 度 ▷ ISO200

第14章

「儿童摄影」

使用长焦镜头进行拍摄

为了避免孩子受到摄影师影响，最好能用长焦镜头在远处拍摄，这样可以在尽可能不影响他们的情况下，拍摄到最生动、自然的照片。

焦　　距 ▷ 200mm
光　　圈 ▷ F5.6
快门速度 ▷ 1/320s
感 光 度 ▷ ISO100

▶ 使用长焦镜头拍摄孩子时，即使是在距孩子较远的地方，拍摄到孩子们纯真自然的表情还是轻而易举的

抓住最生动的表情

儿童情绪易变，前一分钟在开怀大笑，后一分钟就有可能号啕大哭。为了真实地记录下他们的喜怒哀乐，最好以抓拍的方式进行拍摄，在拍摄时除了灿烂的笑容外，还应该包括哭泣的、生气的、发呆的、沉默的、搞怪的等不同表情，他们的每一个表情和动作，都有可能成为一幅妙趣横生的摄影作品。

▲ 摄影师抓拍下了小男孩和小女孩产生争执前后的一系列表情，画面生动而有趣

焦　　距 ▷ 65mm
光　　圈 ▷ F9
快门速度 ▷ 1/500s
感 光 度 ▷ ISO400

使用高速快门及连拍设置

由于孩子不像大人那样容易沟通，而且其动作也是不可预测的，因此在拍摄时，应选择高速快门、连拍方式及连续自动对焦模式进行拍摄，以保证在儿童突然动起来或要抓拍精彩瞬间时，也能够成功、连贯地进行拍摄。

对相机本身来说，要提高快门速度，除了增大光圈以外就是提高感光度了，但为了保证拍摄出的画面中儿童的皮肤较为柔滑、细腻，就不能使用太高的感光度设置。因此，摄影师需要综合考虑这两个因素，设置一个较为合适的感光度数值。

▲ 为了捕捉儿童的精彩瞬间，可以配合连续自动对焦模式与连拍模式，从而在儿童运动时也能够自动跟随进行合焦，并通过多张连拍提高拍摄的成功率

拍摄经验：在拍摄儿童时，保持一个轻松、愉快的氛围非常重要，摄影师可以通过语言来参与儿童正在进行的游戏或动作，也可以由家人或摄影助理负责分散儿童的注意力，从而使其流露出最自然、最真实的举止。摄影师还应该在拍摄过程中多鼓励孩子，让孩子树立起信心，这也在很大程度上有助于拍摄到自然、真实的儿童世界。

采用平视的视角拍摄儿童

　　不少摄影初学者在拍摄儿童时，总是站着以俯视的角度拍摄，殊不知这种角度会使照片中的儿童显得低矮，腿看起来很短，头部显得很大。

　　专业的儿童摄影师基本上都会用平视的角度进行拍摄，这种角度给人一种自然、真实的感觉，更容易拍出好照片。

▲ 使用平视角度拍摄儿童，符合人眼日常的观察视角，画面中小女孩显得很自然

焦　　距 ▷ 145mm
光　　圈 ▷ F5.6
快门速度 ▷ 1/400s
感 光 度 ▷ ISO100

禁用闪光灯以保护儿童的眼睛

　　为了孩子的健康着想，拍摄3岁以下的宝宝时一定不要使用闪光灯。在室外时，通常比较容易获得充足的光线。在室内时，应尽可能打开更多的灯或选择窗户附近光线较好的地方，以获得充足的光照，然后再配合高感光度、镜头的防抖功能进行拍摄以及倚靠物体来保持相机的稳定。

拍摄要点：

　　（1）使用一支大光圈的定焦镜头，在柔和的窗户光下，可很容易地获得充足的曝光。

　　（2）使用连拍模式，以便于在拍摄动态的孩子时，通过连续拍摄多张照片的方式，捕捉到最精彩的瞬间。

▲ 为避免强烈的闪光刺激到孩子娇嫩的眼睛，拍摄时应关闭闪光灯

焦　　距 ▷ 35mm
光　　圈 ▷ F2.5
快门速度 ▷ 1/320s
感 光 度 ▷ ISO400

用玩具调动孩子的积极性

孩子们顽皮的天性会导致他们的注意力很容易被一些事物吸引,从而使拍摄者需要花费很多的时间来吸引孩子的注意力。

拍摄时可以通过玩具来引导儿童,也可以把儿童放进玩具堆中任其自由玩耍,此时,摄影师应通过抓拍的方法,采用合理的光线、角度等对其进行拍摄。

▲ 在拍摄孩子时不妨给她一个玩具,使其沉浸在玩耍的世界中,这样会更容易拍到趣味性强的作品,孩子专注的神情使之显得更加可爱

焦　　距 ▶ 135mm
光　　圈 ▶ F5.6
快门速度 ▶ 1/400s
感 光 度 ▶ ISO100

食物的诱惑

美食对儿童有着巨大的诱惑力,利用孩子们喜爱的美食可以很好地调动他们的兴趣,从而拍到孩子们趣味无穷的吃相。

拍摄经验:拍摄时应该将注意力聚焦在孩子的面部,至于衣服是否被弄脏、东西是否掉在了地上,都不重要。

▲ 孩子吃东西时满足的表情非常惹人喜爱,不刻意去擦干净他脏兮兮的小脸儿,这样拍摄出来的效果反而更真实自然、充满童真童趣

焦　　距 ▶ 50mm
光　　圈 ▶ F8
快门速度 ▶ 1/250s
感 光 度 ▶ ISO200

值得记录的五大儿童家庭摄影主题

眼神

俗话说"眼睛是心灵的窗户"，在表现儿童面部表情的照片中，其天真无邪眼睛就是整个画面的视觉中心。

一般来说，让儿童的眼睛直视镜头的情况比较常见，这种方法能够直接传递人物的心情，也使观者觉得更亲切，没有距离感。

▶ 在拍摄孩子的时候，表现眼神是至关重要的。像这两张照片中，小孩的纯净眼神使画面变得灵动起来

表 情

儿童的表情总是非常自然、丰富的，时而欢笑颜开、时而紧皱眉头，而不论如何在他们的表情里总是能看到纯真、可爱的天性。

将儿童丰富的表情真实地表现在照片中，并配以合适的构图与光影效果，就能够让照片看上去与众不同。

▲ 画面中的小女孩手扯头发、绷着小嘴、睁着大大的眼睛，表情着实逗人，但又毫无矫揉造作之感

焦　　距 ▶ 185mm
光　　圈 ▶ F3.5
快门速度 ▶ 1/400s
感 光 度 ▶ ISO100

身 形

　　拍摄儿童除表现其丰富的表情外，多样的肢体语言也有着很大的可拍性，包括他们有意识的指手画脚，也包括他们无意识的肢体动作等。

　　摄影师可以在儿童睡觉时对其娇小的肢体进行造型，在突显其可爱身形的同时，还能组织出颇具小品样式的画面以增强趣味性。

▲ 这是孩子在熟睡过程中的一组照片，无意识的肢体语言展现了极致的娇憨可爱

与父母的感情

家庭是孩子成长最自然的生态环境。孩子跟父母在一起时，状态是最自然的，他们对父母的信任、依赖可以消除拍摄给孩子带来的焦虑和恐慌感。同时，亲子间温馨、美好的感觉还可以为照片增添色彩。

▲ 当孩子与家长在一起玩乐时，会特别自然地做出很多可爱的动作，此时按下快门，得到的无疑是最温馨的亲子照片

兄弟姐妹之间的感情

兄弟姐妹之间的感情可以用血浓于水来形容，那份与生俱来的感情，让他们相互支持，彼此照顾，开心快乐。

合影是表现兄弟姐妹之间的感情的最佳方式之一。如果是俩人合影，拍摄起来并没有太多难度，但是多人合影时，要注意彼此之间不要重叠，而且最好是多拍数张，以便能够从中选出所有小伙伴的动作与表情都比较到位的照片。

▲ 童年时的小伙伴儿们，表情各异的样子，都是纯真情感的表现

焦　　距 ▶ 170mm
光　　圈 ▶ F3.5
快门速度 ▶ 1/500s
感 光 度 ▶ ISO100

第 **15** 章

建筑摄影

表现建筑物的内景

　　拍摄建筑时，除了表现其外部结构之外，也可以进入建筑物内部拍摄，如大型展馆、歌剧院、寺庙、教堂等建筑物内部都有许多值得表现的绘画及装饰作品。

　　由于建筑物室内的光线通常弱于室外，如果以手持方式拍摄，要注意确保快门速度要高于安全快门速度。常用的拍摄方法是使用中等的光圈、较高的感光度，开启动作防抖功能等。

▲ 由于室内光线较弱，拍摄时应使用三脚架来固定相机，以得到清晰的画面效果

焦　　距 ▶ 16mm
光　　圈 ▶ F9
快门速度 ▶ 1/5s
感 光 度 ▶ ISO800

通过对比表现建筑的宏伟规模

许多建筑都有惊人的体量。游览过埃及金字塔的游客都用"震撼"来表达自己的心情,而步行在遥望起来绵延不绝的万里长城时,也只能"惊叹"其长度,这种感受大多来源与游客自身与建筑规模的对比。

在拍摄建筑时,也可以利用对比来表现建筑的宏伟规模,例如,在画面中安排游人、汽车等观看者容易辨识其体量的陪体,通过这些陪体与建筑的对比,衬托出建筑物宏伟的体量。

焦　　距 ▷ 18mm
光　　圈 ▷ F8
快门速度 ▷ 1/160s
感 光 度 ▷ ISO400

▲ 以近乎垂直仰视的角度拍摄,很好地表现出建筑本身的线条及其透视韵律感。同时,画面中的人物与建筑本身形成鲜明的大小对比,增强了建筑的体量

拍摄要点:

(1)使用多重测光模式对画面进行测光,并适当降低0.7挡左右的曝光补偿,以更好地表现整体的曝光及建筑表面的纹理。

(2)环境中的光线较暗,应尽量使用较高的ISO感光度,以保证拥有足够高的快门速度。

(3)仰视拍摄时,不容易保持相机稳定,最好能够在附近找到依靠物,以避免因相机抖动导致画面发虚。

发现建筑中的韵律

　　韵律原本是音乐中的词汇，但实际上在各种成功的艺术作品中，都能够找到韵律的痕迹。韵律的表现形式随着载体形式的变化而变化，但均可给人以节奏、跳跃与生动的感受。

　　建筑摄影创作也是如此，建筑被称为凝固的乐曲，这就意味着在建筑中隐藏着流动的韵律，这种韵律可能是由建筑线条形成的，也可能是由建筑自身的几何结构形成的。

　　因此在拍摄建筑时，需要不断地调整视角，通过在画面中运用建筑的语言为画面塑造韵律，拍摄出优秀的照片。

焦　　距 ▶ 35mm
光　　圈 ▶ F10
快门速度 ▶ 1/125s
感 光 度 ▶ ISO200

▶ 建筑物的局部线条在视觉上给人所带来的韵律之美

精彩的局部细节

　　许多建筑不仅整体宏伟、壮观，在细节方面也极具美感。例如，北京的故宫、加得满都的杜巴广场、曼谷的大皇宫。这些建筑从高处鸟瞰能够感受到其整体宏大规模与王者气势，而在近处欣赏则会为其复杂的雕刻、精美的绘画及繁复的装饰细节之美所折服。

　　在拍摄这样的建筑时，除了利用广角镜头表现其整体美感，还要学会利用长焦镜头以特写景别表现其细节之美。

▲ 建筑物一角被摄影师用长焦镜头拍摄下来，铜狮子头像精美的花纹让人惊叹

焦　　距 ▶ 65mm
光　　圈 ▶ F3.5
快门速度 ▶ 1/320s
感 光 度 ▶ ISO100

合理安排线条使画面有强烈的空间透视感

透视是一个绘图术语，由于同样大小的物体在视觉中呈现出近大远小的现象，因此绘画者可以据此在平面上分别绘制不同空间位置及大小的物体，能够使二维平面上的画面看起来具有三维空间感。

拍摄建筑题材的作品时，要充分运用透视规律，使画面能够体现出建筑物的空间感。通常，拍摄时在建筑物中选取平行的轮廓线条，如桥索、扶手、路基，通过构图手法使其在远方交汇于一点，即可营造出强烈的透视感，这样的拍摄手法在拍摄隧道、长廊、桥梁、道路等题材时也很常用。

如果所拍摄的建筑物体量不够宏伟、纵深不够大，可以利用广角镜头夸张强调建筑物线条的变化，或在构图时选取排列整齐、变化均匀的对象，如一排窗户、一列廊柱、一排地面的瓷砖等进行拍摄。

焦　　距 ▶ 28mm
光　　圈 ▶ F8
快门速度 ▶ 1/160s
感 光 度 ▶ ISO400

▲ 使用广角镜头拍摄的建筑物内部表现出特别强的透视效果，这种表现方式也增加了画面的空间感

拍摄要点：

（1）由于室内光线较暗，可利用三脚架固定相机，选择合适的角度并根据需要设置焦距来进行构图。

（2）可设置较高的ISO感光度，以保证获得清晰的画面。

（3）可使用广角镜头拍摄，不仅可纳入较多的室内景物，由于其透视效果可更好地突出空间透视感。

表现建筑的轮廓美

许多建筑物的外观造型非常美观，对于这样的建筑物在傍晚进行拍摄时，如果选取逆光角度，可以拍摄出漂亮的剪影效果。

具体在拍摄时，只需要针对天空中亮处进行测光，建筑物会由于曝光不足而呈现出黑色的剪影效果，如果按此方法得到的是半剪影效果，还可以通过降低曝光补偿使暗处更暗，建筑物的轮廓外形更明显。

拍摄要点：

（1）使用点测光模式对太阳周围的天空进行测光，从而在拍摄出建筑剪影的同时，也能够很好地表现出天空的层次。

（2）根据测光位置，光照强度的不同，得到的曝光结果也有很大差异，因此在拍摄后应立即查看拍摄结果，适当调整曝光补偿，以拍摄出满意的照片。

（3）尽量缩小光圈，将太阳拍摄出星芒的效果，以避免强光下的太阳产生强烈的光晕效果，影响画面的表现。

（4）针对画面中的明暗交接处进行对焦，可以大大提高对焦的成功率。

▲ 在夕阳金色天空的衬托下，古典的建筑呈现出非常漂亮的剪影，在干净天空的衬托下，将其很有特色的轮廓感表现得很好

焦　　距 ▶ 33mm
光　　圈 ▶ F20
快门速度 ▶ 1/250s
感 光 度 ▶ ISO200

以标新立异的角度进行拍摄

拍惯了大场景建筑的整体气势以及小细节的质感、层次感，不妨尝试拍摄一些与众不同的画面效果，不管是历史悠久的，还是现代风靡的，不同的建筑都有其不同寻常的一面。

例如，利用现代建筑中用于装饰的玻璃、钢材等反光装饰物，在环境中有趣的景象被映射其中时，通过特写的

景别进行拍摄，或者通过水面的倒影表现建筑。

总之，只要有一双善于发现美的眼睛以及敏锐的观察力，就可以捕捉到不同寻常的画面。在实际拍摄过程中，可以充分发挥想象力，不拘泥于小节，自由地创新，使原本普通的建筑在照片中呈现出独具一格的画面效果，形成独特的拍摄风格。

焦　　距 ▷ 50mm
光　　圈 ▷ F5.6
快门速度 ▷ 1/1000s
感 光 度 ▷ ISO400

▲ 利用建筑不同色彩的玻璃窗将对面的景物反射出来，使画面产生独特的趣味性，利用蜷缩在窗台上看书的人物打破了画面的呆板，整幅作品拍摄角度新颖，令人耳目一新的

拍摄要点：

（1）使用镜头的中长焦端截取建筑的局部进行拍摄。

（2）使用多重测光模式对构图内的景物进行测光，并适当降低0.7挡的曝光补偿，以更好地表现建筑表面的质感。

利用仰视、俯视拍摄纵横交错的立交桥

城市中存在很多纵横交错的立交桥，想要将这些立交桥错综复杂的走向及宏大的规模表现出来，可以采取仰视及俯视这两种角度进行拍摄。

在拍摄时，首先要找到一个较低或较高的位置，用小光圈以获得有较大景深的画面，将桥梁在画面中清晰地呈现出来。取景时既可以选择局部构成具抽象意味的画面，也可以用广角镜头尽可能多地将桥体纳入画面以表现其修长的造型、宽广的跨度。

专业摄影师在拍摄桥梁时，为了追求高视角，甚至会雇用专业的飞机进行航拍。如果能够找到足够高的楼且能够以不错的角度看到要拍摄的立交桥，也可以使用适当焦距的镜头俯视拍摄。

建议选择在夜晚进行拍摄，此时可以将地面上与主体无关的景物隐藏在暗夜里，并且能够拍摄到车流交织的繁华景象，以得到璀璨的夜景立交桥画面。

拍摄要点：

（1）将相机固定在三脚架上，保证相机的稳定，调整好焦距与视角，以确定画面的基本构图。
········
（2）使用自由点对焦点对中景处的桥梁进行对焦，并使用光圈优先模式，设置较小的光圈，以保证前景与背景均能够获得足够的景深。
···

▲ 在较强的光线下，以仰视的角度拍摄交错的桥梁局部，得到的画面中桥梁不仅有很强的力度感，彼此交错的线条还使得画面有一种形式美

焦　　距 ▶ 35mm
光　　圈 ▶ F20
快门速度 ▶ 1/320s
感 光 度 ▶ ISO100

▲ 以俯视角度拍摄夜景城市的立交桥，点缀着金色的灯光的立交桥和冷调的河流形成冷暖色的对比，更突显出城市的热闹与繁华

焦　　距 ▶ 35mm
光　　圈 ▶ F16
快门速度 ▶ 10s
感 光 度 ▶ ISO200

第16章

夜景摄影

拍摄夜景必备的器材与必须掌握的相机设置

三脚架

由于拍摄夜景多采用慢速快门拍摄，因此摄影师必须使用三脚架，以解决手持相机不稳定的问题。使用三脚架后，可以大幅度延长曝光时间，而不必担心相机的稳定性。这样拍摄时就可以大胆使用最低的感光度与较小的光圈，从而获得清晰范围较大、画质纯净的夜景照片。

拍摄经验：拍摄前一定要确认三脚架的稳定性，排除任何可能引起三脚架晃动的因素。比如可以拉出4节的三脚架，最好不要使用最下面一节，中间的升降杆也不要提升得太高；如果是在有风的天气拍摄，可以在三脚架的底部挂上一个重物（以小于三脚架能承受的重量为宜）。

▲ 三脚架

▲ 拍摄城市夜景时，为了确保能得到高质量的画面，进行长时间曝光时使用三脚架是十分必要的

焦　　距 ▷ 18mm
光　　圈 ▷ F8
快门速度 ▷ 8s
感 光 度 ▷ ISO200

拍摄要点：

（1）将相机固定在三脚架上，调整好相机的角度及焦距，以确定画面的构图。

（2）在这幅照片中，由于曝光时间较长，且环境光线很弱，在这种情况下，画面很容易产生噪点，建议尽可能使用较低的感光度，以确保画面质量。

（3）在拍摄过程中，由于需要长时间的曝光，建议使用遥控器来控制拍摄，可以防止手接触相机，导致相机轻微晃动的问题。

遥控器

遥控器是一种与三脚架配合使用的附件，在进行长时间曝光时，为了避免手指直接接触相机而产生震动，会经常用到遥控器。使用方法类似于我们使用电视机或者空调的遥控器，只需要按下遥控器上的按钮，快门就会自动启动。

下面展示的是与SONY NEX配合使用的遥控器。

▲ 型号为RMT-DSLR2 的遥控器

▲ 接收遥控器信号的遥控传感器位置

▼ 进行夜景摄影时，使用遥控器对景物长时间曝光可避免触碰快门时引起相机的震动而导致画面模糊

焦　　距：18mm
光　　圈：F8
快门速度：3s
感 光 度：ISO200

遮光罩

夜晚的城市由于璀璨的灯光显得格外迷人、美丽，但对于摄影师而言，这些灯光有时是拍摄的主题，有时却可能成为导致拍摄失败的主要因素。因为这些灯光进入镜头可能会在画面中形成眩光或鬼影，特别是使用广角镜头拍摄时，一定要注意周围光源的存在。

通常，为了防止画面中产生眩光或鬼影，应使用遮光罩来减少杂光。

使用正确的测光模式

拍摄城市夜景时，通常场景的明暗差异很大，因此，为了获得更精确的测光数据，应该选择中心测光模式或点测光模式，然后选择画面中比最亮区域稍弱一些的区域进行测光，以保证高光区域能够得到足够的曝光。

另外，还需要设置-0.3EV到-1EV负向曝光补偿，使拍摄出来的照片夜色更深沉。

使用正确的对焦方法

由于夜景中的光线较暗，可能会出现对焦困难的情况，此时可以使用相机的中央对焦点进行对焦，因为通常相机的中央对焦点的对焦功能都是最强的。

此外，还可以切换至手动对焦模式，再通过取景器或实时取景来观察是否对焦准确，并进行试拍，然后查看画面是否存在景深不够大导致变虚的问题，如果照片的景深不足，可以再缩小光圈以增大景深。

▲ 夜间光线较暗，在拍摄城市夜景时，摄影师使用手动对焦，这样可使相机容易对焦，并最终获得了清晰的画面

焦　　距 ▷ 28mm
光　　圈 ▷ F10
快门速度 ▷ 10s
感 光 度 ▷ ISO100

启用长时曝光降噪功能

夜景拍摄时，由于光线不足，即使设置与白天相同的感光度，画面中也会产生很多的噪点。

因此，为获得高质量的画面效果，应尽可能使用较低的感光度，从而尽量减少画面的噪点。另外，还可开启长时曝光降噪功能，在最大程度上减少画面中的噪点。

▲ 在夜晚拍摄照片时，使用降噪功能可使画面中的天空、建筑物噪点减少，图片质量更好

焦　　距 ▶ 35mm
光　　圈 ▶ F18
快门速度 ▶ 9s
感 光 度 ▶ ISO100

知识链接：长时曝光降噪设置方法

"长时曝光降噪"功能可以在用户使用1秒或更长时间的曝光时间拍摄时，有效减少噪点。

■ 开：对所有 1 秒或更长的曝光时间的拍摄操作都进行降噪处理。

■ 关：不会启动"长时曝光降噪"功能。

降噪过程需要一定的时间，而这个时间可能与拍摄时间相同，如果在"长时曝光降噪"设置为"开"时，那么直到降噪完成，这期间将无法继续拍摄照片。因此，通常情况下建议将它关闭，需要进行长时间曝光拍摄时再开启。

❶ 在**设置**菜单中选择**长时曝光降噪**选项

❷ 按▲或▼方向键选择**开**或**关**选项，然后按控制拨轮中央按钮确认

操作提示：在SONY α6000相机中，此功能在"拍摄设置菜单5"。

选择拍摄城市夜景的最佳时间

拍摄夜景的最佳时间是日落前5分钟到日落后30分钟内，此时天空的颜色随着时间的推移不断发生变化，其色彩可能按黄—橙—红—紫—蓝—黑的顺序变化，这段时间里拍摄城市的夜晚能够得到漂亮的背景色。

通常，在这段时间内天空的光线仍然能够勾勒出建筑物的轮廓，因此画面上不仅会呈现星星点点的城市灯火，还有若隐若现的城市建筑轮廓，画面的形式美感会得到提升。

如果天空中还有晚霞，画面会更加丰富多彩，绚烂的晚霞、璀璨的灯光能共同渲染出美丽的城市夜景。

拍摄经验：拍摄夜幕中的对象时，通常要进行长时间曝光，为了不浪费拍摄机会，在实际拍摄之前，可以先设置一个较高的ISO值，以较高的快门速度预拍摄，然后通过观察画面效果再对构图或现场元素进行合理地调整。

▲趁天色还没有完全黑去，利用此时的城市灯火进行拍摄，可得到漂亮的夜景作品

焦　　距▷ 19mm
光　　圈▷ F7.1
快门速度▷ 8s
感 光 度▷ ISO100

利用水面倒影增加气氛

　　如果认为夜景摄影只是表现地面的建筑和夜空，那会错失很多美景。其实在有湖泊、河流的地方拍摄，往往也能够拍摄出漂亮的夜景。例如，在城市公园里的湖泊边，或者是距家不远的一条河边都可以拍摄，只要夜幕降临后，通过表现建筑及其璀璨的灯光在水面上形成的美丽倒影，不难得到一幅精彩的夜景画面。

　　拍摄水面倒影的夜景建筑时，一定要精心安排水平线，如果重点表现的是岸上夜景，可以将其置于画面下方三分之一的地方；反之，如果重点表现的是水面中波光粼粼的效果，则应将其置于画面上方三分之一的地方。

　　拍摄经验：拍摄时一定要关注风速，如果风速较小，水面就算有一点小波浪，即使曝光时间较长也不会对倒影效果形成太大影响。但如果风速较大，最好择日另拍，因为过大的风速会使水面的倒影显得凌乱、破碎。

▲ 深紫色的天空下是星光闪闪的大桥，微波荡漾的河水倒映着大桥上璀璨的灯光，非常漂亮

焦　　距 ▷ 24mm
光　　圈 ▷ F13
快门速度 ▷ 25s
感 光 度 ▷ ISO100

拍摄要点：

（1）利用广角镜头增加画面广阔感。

（2）由于没有快门遥控器，将相机设置为自拍模式，避免了按快门时相机抖动带来的画面模糊。

（3）调整相机角度找到水中倒影最完美的位置进行拍摄，用水中条形的灯光倒影来增添画面气氛。

拍出漂亮的车流光轨

拍摄车流光轨的常见误区是在天色全黑后拍摄，实际上应该选择在天色未完全黑时进行拍摄，这时的天空有宝石蓝般的色彩，拍摄出来的画面中天空会非常漂亮。

如果想让画面中车流光轨有迷人的S形线条，那么拍摄地点的就选择很重要，应该寻找能够看到弯道的观测地点。如果在过街天桥上拍摄，出现在画面中的灯轨线条，必然是有汇聚感觉的直线条，而不是S形。

拍摄时应选择快门优先模式或B门曝光模式，通常曝光时间的长短与最终画面上的车流灯轨的长度成正比，如果曝光时间不够长，画面中出现的可能是断开的线条，画面不够美观。当然，不要一味地追求光轨长度，还应避免画面曝光过度。

如果想要灯光线条出现在空中的画面效果，可以尝试以仰视角度拍摄双层巴士。

拍摄经验：虽然使用大光圈能够提高镜头通光量，并提高快门速度。但拍摄夜景中的车流时还是尽量使用小光圈，以获得较大的景深，使车流光轨在画面中表现得更加清晰、明显。另外，使用小光圈还能够使画面中光线的轨迹变得比较细，即使是车流集中的位置，画面中的灯光线条也不会相互混融在一起。

▲ 使用B门拍摄车流，S形车流十分具有动感，仿佛夜间川流而过的金龙

焦　　距 ▶ 24mm
光　　圈 ▶ F18
快门速度 ▶ 40s
感 光 度 ▶ ISO100

利用小光圈拍摄出有点点星光的夜景城市

夜景的城市美在灯光，当暮色将至、华灯初上时，星星点点的灯光为城市织就了绚丽的外衣。

要拍摄出城市的漂亮灯光，使其在画面上闪烁着长长的星芒，需要使用较小的光圈，参考的数值范围是F16~F20。光圈越小，灯光越强烈，星芒效果越明显，但随之而来的问题就是需要的曝光时间越长，因此拍摄时的稳定性就必须成为重点考虑的因素，如果希望以手持相机的方式拍摄出漂亮的星光，可以尝试将ISO数值设置为一个较高的数值。

焦　距：22mm
光　圈：F20
快门速度：13s
感光度：ISO200

▲ 使用较小的光圈拍摄夜景，在保证景深的同时，还可使点状光源形成星芒效果

拍摄经验：大量拍摄实践案例表明，拍摄时使用的镜头的光圈叶片数量对画面中灯光的光芒效果有一定影响。当光圈叶片数量为偶数时，光芒的数量和光圈叶片数量相同，且看起来有些生硬。而当光圈叶片数量为奇数时，光芒数量是光圈叶片数的2倍，画面效果较好。

星轨的拍摄方法

星轨是一个比较有技术难度的拍摄题材，想拍摄出漂亮的星轨要具备"天时"与"地利"。

"天时"是指时间与气象条件，拍摄的时间最好在夜晚，此时明月高挂，星光璀璨，大都能拍摄出漂亮的星轨，最好是天空中也没有云层，以避免遮盖住星星。

"地利"是指，拍摄地点对画面效果的影响。像城市这种光线较强，空气中的颗粒较多的条件下，对拍摄星轨会产生不利的影响。所以，要拍出漂亮的星轨，最好选择大气污染较小的郊外或乡村。

构图时还可利用地面的山、树、湖面、帐篷、人物、云海等对象来丰富画面内容，因此选择地方时可留意。

同时要注意，如果画面中容纳了比星星还要亮的对象，如月亮、地面的灯光等，经过长时间曝光之后，这部分画面容易出现严重的曝光过度，影响画面整体的艺术性，所以要注意回避较亮的景物。

拍摄要点：

（1）用广角镜头拍摄，可使圆形的星轨表现更完整。

（2）拍摄时间要足够长，才能拍到星星运行的轨迹，切勿心急。

（3）将地面上的雪山纳入画面，可以使画面更加丰富，否则单一的圆形星轨画面太单调，看久了会使人产生眩晕的感觉，树木和雪山还可增加画面的重量感，使画面感觉更稳定。

▼ 对着北极星的方向长时间曝光拍摄星空，获得类似同心圆效果的星轨，这样的画面充满动感效果，壮观的景象增强了画面的视觉冲击力

焦　　距　17mm
光　　圈　F9
快门速度　3122s
感 光 度　ISO400

对焦如果困难，应该用手动对焦的方式。此外，还要注意拍摄时镜头的方位，如果是将镜头对准北极星长时间曝光，拍出的星轨会成为同心圆，在这个方向上曝光1小时，画面上的星轨弧度为15°，2小时为30°。而朝东或朝西拍摄，则会拍出斜线或倾斜圆弧状星轨画面。

而正所谓"兵欲善其事，必先利其器"，因此拍摄星轨时，器材的选择也很重要，质量可靠的三脚架自不必说，镜头的选择也是重中之重。镜头应该以广角镜头和标准镜头为佳，通常选择24~50mm焦距的镜头，焦距太广虽然能够拍摄更大的场景，但星轨在画面会比较细。

拍摄经验：由于拍摄星轨是在较暗的光线下进行，拍摄时通常要使用比较高的ISO感光度，因此，如果曝光时间较长会导致画面的噪点非常多。基于此原因，拍摄星轨时也可以采取间隔拍摄的方式，即每次曝光几分钟，并连续不断拍摄许多张，在后期处理软件中再将这些照片进行合成。

▲ 通过超长时间的曝光，拍摄到的星轨照片异常迷人

焦　　距 ▷ 17mm
光　　圈 ▷ F4.5
快门速度 ▷ 2680s
感 光 度 ▷ ISO800

在照片中定格烟火刹那绽放的美丽

拍摄烟花的技术却大同小异，具体来说有三点，即对焦技术、曝光技术、构图技术。

如果在烟花升起后才开始对焦拍摄，等对焦成功烟花也差不多谢幕了。如果拍摄的烟花升起的位置差不多，应该先以一次礼花作为对焦的依据，拍摄成功后，再切换至手动对焦方式，从而保证后面每次的拍摄都是正确对焦的。

如果条件允许的话，也可以对周围灯火通明的建筑进行对焦，再切换手动对焦模式拍摄烟花。

曝光方面，要把握两点：一是曝光时间长度；二是光圈大小。烟花从升空到燃放结束，大概只有5~6s的时间，而最美的阶段则是烟花在天空中绽放的2~3s，因此，如果只拍摄一朵烟花，可以将快门速度设定在这个范围内。

如果距离烟花较远，为确保画面景深，光圈数值需设为为F5.6~F10。如果拍摄的是持续燃放的烟花，应适当缩小光圈，以免画面曝光过度。

实际拍摄时需要设置多大的光圈数值，应在上述的基础上根据拍摄环境的光线反复尝试，不可生搬硬套。

焦　距 50mm
光　圈 F10
快门速度 4s
感 光 度 ISO100

▲ 拍摄烟花时，设置了较小的光圈，以确保烟花足够清晰，并将曝光时间定为4s，这样可以捕捉到烟花盛开时最美丽的时刻

拍摄要点：

（1）使用自由点对焦模式，对可能出现烟花的附近建筑进行对焦，然后切换至手动对焦模式，就可以免去拍摄时再对焦的麻烦。

（2）使用镜头的广角端及较小的光圈进行拍摄，以获得足够的景深，使前景与背景都足够清晰。

（3）使用B门拍摄，以便在烟花出现时就可以开始曝光，烟花结束后，下一波烟花开始前，可以手动结束曝光，避免过多的烟花重叠在一起，影响画面效果。

构图时可将地面景物、人群纳入画面中，可以起到美化画面和增加画面气氛的作用。因此，应使用广角镜头，这样才可纳入的较多的景物。

如果想让多个烟火叠加在一张照片上，可在按下快门后，用不反光的黑卡纸遮住镜头，每当烟花升起，才移开黑卡纸让相机曝光2~3s，如此重复多次之后关闭快门可以得到多重烟花同时绽放的照片。

需要注意的是，拍摄烟花的总曝光时间要算好，不能超出合适曝光所需的时间，另外按下B门后需利用快门线锁住快门，拍摄完毕后再释放。

第一次拍摄

第二次拍摄

▼ 使用B门结合黑卡拍摄，待焰火升起时拿开黑卡进行曝光，如此重复几次后，得到很多焰火在天空中"盛开"的画面。值得注意的是，随着曝光时间的延长，画面曝光会随之变亮，因此在拍摄时要注意控制曝光时间，以免地面灯光处曝光过度

第三次拍摄

拍摄要点：

（1）拍摄烟花时，应提前预测烟花升起的高度，并在构图时为烟花留出足够的空间。

（2）尽量避免多组烟花完全重叠在一起，这样会影响对烟花的表现和整体的美观程度。

（3）若不善于使用黑卡进行多组烟花的拍摄，可考虑拍摄多个单组烟花，然后通过后期处理将其合成在一起。这样的好处就是可选择的余地较大，而且不用担心烟花重叠的问题。

用放射变焦拍摄手法将夜景建筑拍出科幻感

放射变焦拍摄是指在按下快门的瞬间快速旋转镜头的变焦环，让镜头急速变焦，这样拍摄出来的画面会出现明显的放射线，从而使画面产生爆炸的科幻感。

在拍摄时，要快速、稳定地变焦才能得到理想的效果，稍微晃动一下都有可能导致画面模糊。为了保证稳定的变焦过程，得到清晰的爆炸效果，最好使用三脚架。

由于使画面出现放射线条效果的原理是在较短时间内改变焦距，因此拍摄使用的镜头的变焦范围越大越好。

拍摄经验：拍摄时所使用的快门速度和变焦速度对最后画面的表现力起决定性作用。如果快门速度过高，而转动变焦环的速度低，则可能还没有完成变焦操作曝光就已经完成，此时画面中的线条会比较短。

而如果快门速度低、转动变焦环的速度高，则可能出现在完成变焦操作后，仍然需要曝光过一段时间的情况，此时画面中的线条会显得不十分清晰。因此，在拍摄时需要反复调整快门速度与变焦速度，从而使画面的整体亮度、线条长度与清晰度得到一个平衡。

快门速度与拧动变焦环的速度也应协调、统一。例如在3秒的曝光时间内，要从24mm端过渡到70mm端，则应提前进行简单的测试，保证拧动变焦环的过程中是匀速的，这样可以最大限度地保证画面中的线条是直线，而不是扭曲的曲线。

另外，在扭转变焦环时，既可以从镜头的广角端向长焦端转动，也可以自镜头的长焦端向广角端转动，两种转动方式得到的画面也各有趣味，值得尝试。

▲ 使用变焦手法拍摄夜景，可以给人一种很强烈的视觉冲击力

光　　圈 ▷ F4
快门速度 ▷ 1/15s
感 光 度 ▷ ISO800

第 **17** 章

宠物与鸟类摄影

宠物摄影

用连拍模式拍摄运动中的宠物

宠物不会像人一样有意识地配合摄影师的拍摄活动，自由的天性使其可爱、有趣的表情随时都可能出现，如果处于跑动中，前一秒可能在取景器可视范围内，后一秒就可能已经从取景器无法再观察到了。

因此，如果拍摄的是玩耍中的宠物，或是这些可爱的宠物做出有趣表情和动作时，需抓紧时间以连拍模式进行拍摄，从而实现多拍优选。

拍摄经验：在拍摄时如果希望宠物活跃起来，可以用一个新奇的玩具逗它们，再用较高的快门抓怕具有趣味性的画面即可。

▲ 为了将玩耍中的猫咪记录下来，可使用连拍模式将其动作过程用几张照片快速抓拍下来，后期再从中选择比较优秀的

在弱光下拍摄要提高感光度

无论是室内还是室外，如果拍摄环境的光线较暗，就必须提高感光度数值，避免快门速度低于安全快门。

SONY NEX在高感光度下拍摄时，抑制噪点还算优秀，而且绝大多数摄影爱好者拍摄的宠物类照片属于娱乐性质，而非正式的商业性照片。因此对照片画质的要求并不是非常高，所以在这样的前提下，可以较为大胆地使用ISO800左右的高感光度进行拍摄。

▲ 夕阳西下时分，光线有点弱了，为了捕捉到狗狗的动作，适量提高了ISO感光度，以便获得较高的快门速度

焦　　距 ▶ 200mm
光　　圈 ▶ F5.6
快门速度 ▶ 1/320s
感 光 度 ▶ ISO800

散射光表现宠物的皮毛细节

拍摄宠物时，如果想要表现宠物的皮毛细节或者质感，建议使用散射光。

散射光条件下拍摄时，画面没有明显的阴影，过渡也更加自然，因此非常适合表现宠物的皮毛细节。

拍摄要点：

（1）室内自然光，虽然光线柔和，但不够充足，此时可以打开室内的照明灯，并提高相机的ISO感光度，以提高快门速度，保证拍摄的成功率。

（2）使用镜头的长焦端，尽量在较远的位置拍摄，确保不打扰宠物。

▲ 散射光下不仅将猫咪的皮毛拍摄得很细腻，柔和的画面也使其看起来更加可爱

焦　　距 ▷ 105mm
光　　圈 ▷ F5.6
快门速度 ▷ 1/60s
感 光 度 ▷ ISO200

逆光表现漂亮的轮廓光

轮廓光又称为"隔离光"、"勾边光"，当光线来自被拍摄对象的后方或侧后方时，通常会在其身体周围出现。

如果在早晨或日落前拍摄宠物，可以运用这种方法为画面增加艺术气息。

拍摄时，要将宠物安排在深暗的背景前，使明亮的边缘轮廓与背景形成明暗反差，再以点测光模式对准宠物的轮廓光边缘进行测光，以确保这部分曝光准确，然后重新构图，并完成拍摄。

拍摄要点：

（1）尽量使用镜头的长焦端在远处拍摄，以避免吓跑宠物影响到拍摄。
……
（2）选择逆光角度，并使用点测光模式对宠物进行测光，然后按下自动曝光锁定按钮锁定曝光，再进行构图、对焦、拍摄。
……
（3）适当降低0.7挡左右的曝光补偿，以更好地表现宠物的毛发质感。
……

焦　　距 ▶ 200mm
光　　圈 ▶ F5.6
快门速度 ▶ 1/125s
感 光 度 ▶ ISO200

▶ 小猫在草丛里聚精会神地望向远处，此时摄影师以逆光光线对其进行拍摄，小猫的毛发边缘显得十分漂亮

鸟类摄影

优先保证快门速度

鸟的运动速度非常快，要凝固它们飞翔的瞬间，就一定要使用高速快门。通常情况下应达到1/500s以上，最好能够保持在1/800s以上的快门速度。这样在连拍或单次拍摄时，才能够保证拍摄到清晰、凝固的瞬间动作。

拍摄要点：

（1）鸟类的警觉性比较高，使用300mm 以上焦距的镜头拍摄可以使它们不受打扰，拍摄到的画面会更加真实自然。

（2）快门速度要足够快以确保鸟儿扇动的翅膀能够清晰呈现。

（3）在使用高速快门时，为了保证获得充分曝光，应适当提高ISO感光度数值。对于SONY NEX数码单反相机来说，即使使用ISO800也能够获得不错的画质，完全可以满足高速快门下的曝光需求。

（4）不推荐通过增大光圈的方式保证曝光量，因为使用长焦镜头拍摄时，景深已经比较浅，而光圈太大还容易导致对焦不准、虚化过度等问题。

▲ 以1/1600s的快门速度拍摄在空中飞翔的鸟儿，画面很清晰

焦　　距 ▶ 420mm
光　　圈 ▶ F6.3
快门速度 ▶ 1/1600s
感 光 度 ▶ ISO400

设置连拍以捕捉精彩瞬间

　　鸟是一种特别易动的动物，它很可能前一刻还在漫步徜徉，下一刻就展翅高飞了。因此，在对焦时应采用连续自动对焦方式，以便于在鸟儿运动时能够连续对其进行对焦，最终获得清晰、准确的画面。

▶ 摄影师使用连拍模式拍摄，把鸟儿打斗的精彩瞬间一一定格了下来

中央对焦点更易对焦

　　鸟类的移动非常迅速，这就要求摄影师能够在短时间内完成精确对焦。建议使用中央对焦点单点对焦，中心单点对焦的对焦精度比多点对焦的精度要高，而且在镜头追随鸟类移动的过程中，也不容易因其他物体的干扰而误判焦点。

　　拍摄时还可以将对焦方式设置为连续自动对焦（AF-C），采用这种连续对焦的方式，才能够持续追踪飞行的鸟类，使被摄主体一直保持清晰状态。

▲ 使用中心对焦模式对飞行中的鸟儿进行精确对焦并拍摄，可以大大提高对焦的成功率

焦　　距 ▶ 200mm
光　　圈 ▶ F3.5
快门速度 ▶ 1/800s
感 光 度 ▶ ISO100

第18章

微距摄影

微距设备

微距镜头

微距镜头无疑是拍摄微距花卉（或其他题材）时最佳的选择，微距镜头可以按照1∶1的放大倍率对被摄体进行放大，这种效果是其他镜头无法比拟的。而且微距镜头可在拍摄时把无关的背景进行虚化处理，其唯一的缺点是价格比较昂贵。

微距镜头通常都是定焦镜头，根据"定焦无弱旅"的通俗说法，微距镜头的质量通常还是比较让人放心的。

拍摄要点：

（1）使用微距镜头并设置好闪光灯的输出光量，再为闪光灯加装柔光罩，使蜗牛身体获得较为柔和的光照效果。

（2）调整好构图后，使用靠近蜗牛头部附近的对焦点进行对焦。

（3）设置以RAW格式照片进行拍摄，便于后期对其细节进行深入的调整。

▲ 使用微距镜头可以将蜗牛的部分放大呈现于画面中，呈现出非常震撼的视觉效果

焦　　距 ▶ 30mm
光　　圈 ▶ F7.1
快门速度 ▶ 1/250s
感 光 度 ▶ ISO100

微距镜头推荐
E 30mm F3.5

长焦镜头

选择一支长焦镜头也可以拍摄昆虫的特写，例如70-300mm焦距段的镜头，对于一般的特写拍摄已经足够了，而且这样一支镜头还可以满足很多拍摄题材，如鸟、动物或体育运动等方面的需求，所以性价比是比较高的。

在选购此类镜头时最好选择有防抖功能的型号，毕竟在拍摄昆虫时更多的是手持拍摄而非使用三脚架。越长的焦距会要求越高的快门速度，因此用有防抖功能的镜头能够提高拍摄的成功率。

▲ 使用200mm的焦距拍摄蝴蝶，背景得到了很好的虚化，蝴蝶处于焦平面上的翅膀表现得更加突出

焦　　距 ▷ 200mm
光　　圈 ▷ F3.5
快门速度 ▷ 1/500s
感 光 度 ▷ ISO400

柔光罩

如果闪光灯距离被拍摄对象比较近，为了避免在被拍摄对象的表面留下难看的光斑，建议在闪光灯上加装柔光罩，使光线柔和一些。

▲ 外置闪光灯柔光罩

▲ 在拍摄蜘蛛时，为了获得柔和的光线，在闪光灯上加装了柔光罩，从而使蜘蛛的细节表现更加突出

焦　　距 ▷ 100mm
光　　圈 ▷ F8
快门速度 ▷ 1/125s
感 光 度 ▷ ISO100

三脚架

微距拍摄时要根据所拍摄的对象来考虑是否使用三脚架，如果拍摄的对象是固定的（如静物、花）或行动缓慢的（如昆虫），需要使用三脚架来固定相机。

如果拍摄行动迅速的昆虫，通常当摄影师架好三脚架时昆虫早已不知所踪，所以较少使用三脚架。当然，也可以采取"守株待兔"的方法，在这类昆虫常出现的地方架好三脚架。耐心等待昆虫进入拍摄区域。

▲ 使用三脚架拍摄花瓣上的露珠，可以使画面更加清晰，甚至连露珠中花朵的折射效果都清晰可见

焦　　距 ▷ 60mm
光　　圈 ▷ F7.1
快门速度 ▷ 1/125s
感 光 度 ▷ ISO100

合理控制景深

　　许多初学微距拍摄的朋友以为在拍摄微距照片时景深越浅越好，所以有时拍出的照片甚至虚化到完全看不出背景的轮廓，实际上从整体画面的美观程度及说明性来看，微距画面并非需要过小的景深，虽然微距照片需要虚化背景以突出主体，但过度虚化会导致主体的一部分也被虚化，这就降低了照片的说明性。

　　因此，在拍摄时不要使用过大的光圈，应该使用较小的光圈，同时控制好镜头与被拍摄对象的距离及镜头的焦距，恰当地控制景深，使整个画面虚实比例得当。

▲ 使用微距镜头的同时，由于用了较大的光圈，导致画面景深过浅，只剩瓢虫局部的甲壳（圈中所标示部分）比较清晰

焦　　距 ▷ 100mm
光　　圈 ▷ F4
快门速度 ▷ 1/320s
感 光 度 ▷ ISO200

拍摄要点：

（1）拍摄时要避开距离较近的树叶，背景越远虚化效果越明显，且虚化的背景可使瓢虫在画面中更加突出。

（2）可用闪光灯进行拍摄，不仅可提亮画质，还可以很好地表现出瓢虫光洁的外壳。

（3）由于景深较小，在拍摄过程中使用三脚架可确保画面清晰。

▼ 通过恰当地控制景深，使得画面中瓢虫的身体部分很清晰，在虚化的背景下非常突出，是一幅不错的微距画面

焦　　距 ▷ 100mm
光　　圈 ▷ F11
快门速度 ▷ 1/160s
感 光 度 ▷ ISO200

对焦控制

自动对焦的技巧

微距摄影中，由于画面表现内容相对比较精细，如果使用自动对焦模式拍摄，相机稍有晃动就有可能导致对焦不准确，出现画面模糊的现象。

所以，使用自动对焦后尽量不要重新构图，以保证画面对焦的精确度。

拍摄要点：

（1）在绿色和橙色背景的衬托下跳蛛在画面中非常突出，画面很艳丽。

（2）将娇艳的花苞纳入画面中可丰富画面元素，并起到美化画面的作用。

（3）在光线充足的环境拍摄，不仅可确保快门速度能达到手持拍摄的要求，且画面颜色饱和度也很好。

焦　距	100mm
光　圈	F5.6
快门速度	1/200s
感 光 度	ISO100

▲ 使用自动对焦快速将昆虫对焦清楚并直接抓拍下来，以免错失机会

拍摄随时会飞走的蝴蝶时，可使用自动对焦模式

焦　距 ▷	200mm
光　圈 ▷	F4
快门速度 ▷	1/200s
感 光 度 ▷	ISO100

手动对焦的技巧

如果拍摄的题材是静止的或运动非常迟缓的对象，可以尝试使用手动对焦来更精准地进行对焦。

对焦时要缓慢扭动对焦环，当画面中的焦点出现在希望合焦位置的附近时，可以通过前后移动相机来移动合焦点。

▶ 在光线较弱的环境中为了精确对焦也可使用手动对焦模式

焦　　距 ▶ 180mm
光　　圈 ▶ F4
快门速度 ▶ 1/640s
感 光 度 ▶ ISO200

▼ 由于微距镜头下的画面景深非常小，使用手动对焦可避免跑焦的现象，得到清晰的微距画面

焦　　距 ▶ 60mm
光　　圈 ▶ F5.6
快门速度 ▶ 1/320s
感 光 度 ▶ ISO400

选择合适的焦平面构图

拍摄昆虫时应尽量选用标准的焦平面来构图。焦平面的选择应该尽量与昆虫身体的轴向保持一致，如蝗虫一类的长型昆虫，选择焦平面一般与身体平行；对于展开翅膀的昆虫，如蝴蝶，应该使展翅的平面与焦平面平行，也就是尽量用昆虫身体的最大面积与镜头平面保持水平。

但这个规律也不能生搬硬套，例如，以俯视的角度拍摄展开翅膀的蝴蝶时，如果采取镜头与翅膀平面平行的方式拍摄，最终得到的照片可能会类似于博物馆中蝴蝶的标本一样毫无生气。

拍摄要点：

（1）拍摄时尽量选择简洁的背景，使主体在画面中突出。

（2）构图时将蝴蝶放置在三分线上，使画面看起来更加美观。

（3）采用点测光确保蝴蝶曝光准确。

（4）尽量在无风的天气进行拍摄，由于微距镜头的景深很浅，风吹草动都会造成焦点不清晰，影响画面效果。

▲ 拍摄蝴蝶时，将镜头和蝴蝶的翅膀平面保持垂直，对焦后蝴蝶的整个翅膀就能够清晰呈现，从而增强了画面的表现力

焦　　距 ▶ 100mm
光　　圈 ▶ F9
快门速度 ▶ 1/400s
感 光 度 ▶ ISO200